U0511751

设计心理学
用户体验设计的
100 条通用法则

（荷）艾琳 · 佩拉雷　著　孙哲　译

北方联合出版传媒（集团）股份有限公司
辽宁科学技术出版社

研究 116

设计 142

验证 192

大多数工作都有一个易于理解的称谓，你可以快速地说出来，并且不会和其他的工作混淆，而且大多数工作称谓不需要冗长的解释。我是一名摄影师，我是一名教师，我是一名动物学家。人们听到后会点点头，说一些礼貌的话，比如“那一定很有趣！”，喝一口饮料，继续交谈。然而，“我是一名用户体验设计师”，几乎总是会让人们感到惊讶，这时我会再来一段杂乱无章的独白，试图解释这个领域的复杂性、扩展性和不断发展的本质。

“你知道建筑师是做什么的吗？用户体验设计师或UX设计师基本上都是建筑师，但我们设计的不是物理结构，而是数字结构。就像建筑师实际上并不建造他们设计的建筑一样，我们也依赖程序员和开发人员来建造我们设计的数字结构。”

虽然我用建筑师的工作来类比，这不足以解释用户体验设计的全部工作，但用户体验设计其实并不是一个新概念。一些人声称这个词是1993年唐·诺曼为他在苹果公司的新工作“用户体验架构师”而首次创造的，而另一些人则认为这个词是约翰·怀特塞德和丹尼斯·维森在1987年的《可用性工程》杂志上首次提出的。

这个术语的确切起源可能有争议，但用户体验设计的实践工作的出现可以追溯到很长一段时间之前。

当希腊医生希波克拉底写下如何安排外科医生的工具，以便在手术中方便使用时；或者当机械工程师弗雷德里克·温斯洛·泰勒（Frederick Winslow Taylor）分析工作流程，以便提高生产力，同时减少与工作相关的伤害时；或者媒体大亨沃尔特·迪士尼和他的“想象工程师”团队设身处地为客人着想，以便创造神奇而身临其境的公园体验时，他们都是用户体验设计师。

在前数字时代，人们已经开始思考用户体验设计的最有说服力的例证发生在1955年。工业设计师亨利·德雷夫斯曾写道：“当产品与人之间的接触点成为摩擦点时，设计师就失败了。另一方面，如果人们通过接触产品而感受到更安全、更舒适、更强烈的购买欲、更高效或更快乐，那么设计师就成功了。”

现在，如果你想象一下，他提到的产品也可能是一个数字产品，比如电子邮件或在线约会，或者购买机票，或者买一双新鞋，你使用“用户”取代了“人”这个词，你基本上就有了今天的用户体验设计框架。

但问题是，在今天，请10位不同的人来定义用户体验设计，你会得到十个不同的答案。与建筑设计不同，建筑设计已经有数千年的时间来发展成熟并被定义，我们的工作仍处于被定义的初级阶段。更不用说体验本质上是主观的，我们设计的是数字服务、产品或工具，而不是我们希望能达到某种预期体验的体验。

更糟糕的是，在我多年的用户体验设计教学过程中，我意识到许多涉及这个主题的书籍和文章往往是从外到内写的，作者编写了一份示例列表，描述了一个过程——它们实际上不是理论的一部分。这种写作方式几乎总是让人觉得有一种完美的做事方式，如果你不这样做，你就做错了。但完美的用户体验过程并不存在。用户体验设计没有一个定义，同一个职位在不同的公司可能意味着不同的事情，几乎每个问题的答案都是“取决于具体情况”。

这本书没有按时间顺序复述用户体验设计的历史。它也不是一本能教你如何将一步一步地成为一位完美用户体验设计师的书。这是一本设计哲学选集，在15年多的时间里，我通过与现实世界的客户接触，从客户的项目工作中总结出案例研究成果、行业形势分析、问题和矛盾，这些案例将教会你如何思考，而不是告诉你该做什么。本着互联网的精神，你是想按顺序浏览全书，还是想围绕你觉得有趣的话题跳来跳去地浏览，这完全取决于你。

但有一点我们都赞同：用户体验是关于用户的，所以让我们从这里开始。他们到底是谁？我们为什么要关心他们？了解这些真实人类的需求、目标、欲望和动机——每个与这些数字产品互动并受其影响的人——是解开用户体验设计这一领域中所遇矛盾的第一步。

我们浏览屏幕的

多，发推特或查

和喝酒更难让人

间比睡觉的时间

电子邮件比抽烟

拒。

01

用户优先。

当我刚开始做用户体验设计师时，我记得我对“用户”这个词有点反感。对大多数人来说，它可能包含更多的负面含义，而不是正面含义。就像吸毒者，会利用他人的人。就其本身而言，“用户”一词只意味着有人在使用某些东西。作为一个倡导为人们的现实生活而设计的领域，称这些人为“用户”听起来很模糊，也很没有人性。

不幸的是，没有比这更好的选择了。“个人”和“人”过于宽泛和笼统，“实体”感觉像法律术语，“行动者”太令人困惑。读者、爱好者、投资者或员工等更具体的标签可能会在设计时更容易建立联系，但在确定确切的需求和动机之前，我们仍然需要一种通用的方式来解决人们的问题。“用户”是我们最好的选择。

不管我们怎么称呼使用我们设计的产品的人，我们之所以需要把实际的人或用户放在首位，是为了确保错误的决策不会因为商业利益相关者的个人意见，或者更糟糕的是，设计师的假设而被采用。为了避免每个无关的意见和假设，并将注意力重新放在用户身上，我们从以下问题开始每个项目的设计。

这是给谁的设计（观众）？
他们为什么要使用它（目标）？
他们将如何使用它（使用的背景）？

在我职业生涯的早期，我曾为艺电（EA，美国领先的电子游戏公司）的一款大学橄榄球游戏开发网络界面。我对美式足球一无所知，更不用说大学橄榄球了，也没有时间与潜在用户交谈。我决定自己做一些随机式的研究，并联系了我认识的几个大学朋友，他们都是足球迷。经过两周的询问，我获得了一些深入的了解，这些使最终的设计体验比我试图仅根据自己的假设来设计的方式要有效得多。

把用户放在第一位不需要付出其他，只需要全身心投入。我们不需要很多花哨的流程就可以站在用户的立场上，并快速推进设计实施。我们只需要多听，少说话。提出聪明的问题（见原则57），并保持好奇。要有同情心。从一开始就将终端用户纳入我们的设计流程将帮助我们解决问题，这将对与设计互动的真实人产生实际的影响。

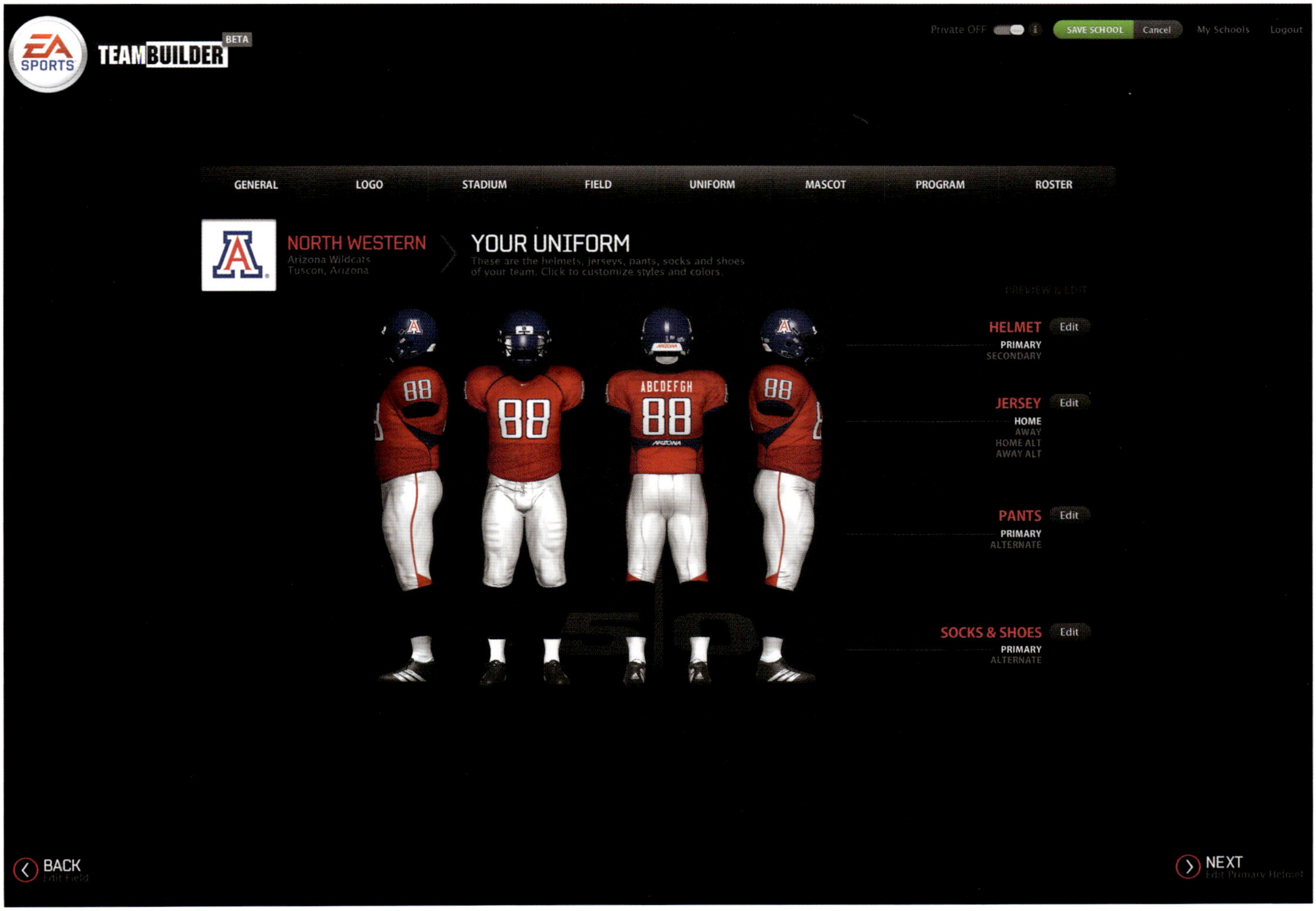

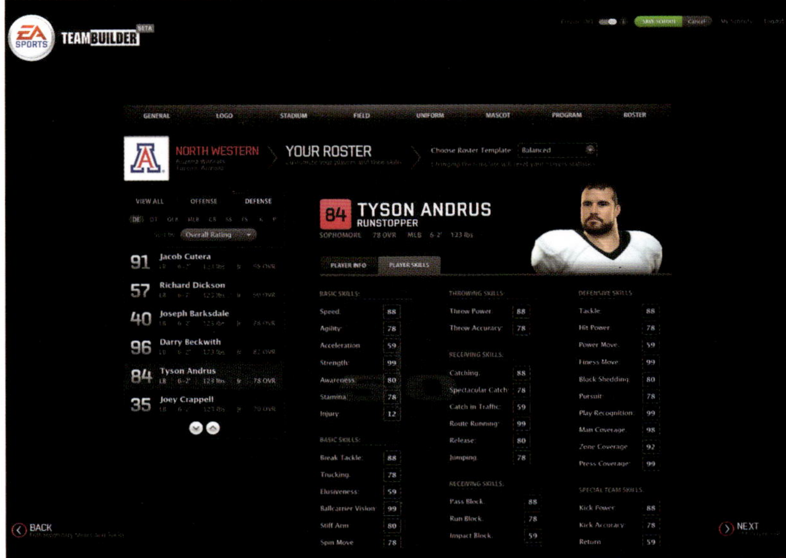

→

美国大学橄榄球11游戏于2010年在除Wii之外的各操作平台上发布，这是唯一一个在iOS上发布的版本。通过EA Sports Teambuilder网站访问的用户可自定义徽标、制服、场地、体育场、吉祥物、程序和名册。通过该网站制作的橄榄球队可以被其他用户下载，并可以在游戏时使用。

02

要同时处理用户体验设计。

我们行业内最具争议的话题是“用户体验与用户界面”之争。有什么区别？什么更重要？谁应该做什么？在21世纪初，在这些术语被主流采用之前，事情要容易得多，因为网络设计只意味着你是一名网络设计师。随着行业的扩张和成熟，术语必须进行调整，以适用于更广泛的设备、指令、背景和界面尺寸，设计师相关的角色需要更多的定义。

核心论点集中在一个设计师是否可以或应该同时做这两件事，以及在开始视觉UI设计之前需要完成多少基本的用户体验设计工作。在我们的工作室里，这不是辩论的话题。一位设计师专注于用户体验，另一位则专注于用户界面，同时兼顾两者。为什么？

让我们重新审视建筑师的比喻。我们首先需要确定这座建筑将为谁建造，以及这些人计划做什么。我们还需要通过查看基准和竞争对手来了解形势。然后，我们需要创建一个蓝图，确定有多少层楼，门和楼梯在哪里，每个房间与下一个房间的关系，如何让残疾人无障碍地使用，等等。简而言之，用户体验设计是考虑用户需求、愿望、行为和环境的基础或蓝图。思考这件作品需要哪种类型的思维和哪种类型的设计师（有趣的是，祖鲁语中建筑师umqambi-wesino的意思是“空间的魔术师”“局势的创造者”或“轰动的制造者”）。

如果我们不同时处理组成设计的这两个部分，我们就无法发挥每个学科的优势，我们最终可能会得到一个让人感到不舒服或不合逻辑的作品。用户体验和用户界面需要自始至终在整个设计过程中密切合作的原因是确保所有努力始终朝着同一方向发展。既然UI拥有产品的最终展示的控制权，而最终展示对整体用户体验有影响，我们为什么还要将它们分开？难道我们不想要一个实用且有吸引力的最终设计吗？（见原则8）

→
这个“建筑物”网页来自香港M+博物馆，告诉瑞士建筑师赫尔佐格·德梅隆（Herzog & de Meuron）设计该建筑的故事。线框（左）由用户体验设计师完成，而最终的UI（右）由UI设计师完成。然而，我们要求客户在线框级别上批准，这样我们就不必担心最终副本和图像，因为这需要更长的时间才能完成。

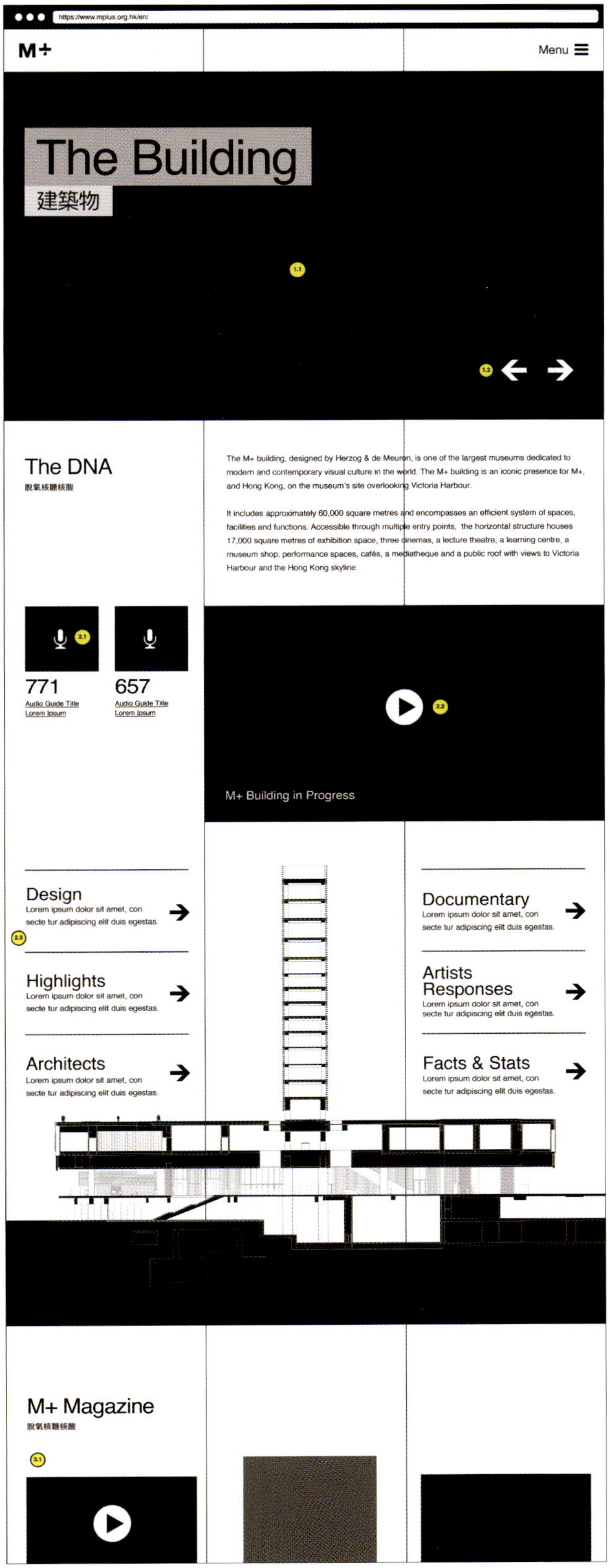

https://www.mplus.org.hk/en/

M+

Menu

The Building

建築物

The DNA

脫氧核糖核酸

The M+ building, designed by Herzog & de Meuron, is one of the largest museums dedicated to modern and contemporary visual culture in the world. The M+ building is an iconic presence for M+, and Hong Kong, on the museum's site overlooking Victoria Harbour.

It includes approximately 60,000 square metres and encompasses an efficient system of spaces, facilities and functions. Accessible through multiple entry points, the horizontal structure houses 17,000 square metres of exhibition space, three cinemas, a lecture theatre, a learning centre, a museum shop, performance spaces, cafés, a mediatheque and a public roof with views to Victoria Harbour and the Hong Kong skyline.

771
Audio Guide Title
Lorem Ipsum

657
Audio Guide Title
Lorem Ipsum

M+ Building in Progress

Design
Lorem ipsum dolor sit amet, con secte tur adipiscing elit duis egestas.

Highlights
Lorem ipsum dolor sit amet, con secte tur adipiscing elit duis egestas.

Architects
Lorem ipsum dolor sit amet, con secte tur adipiscing elit duis egestas.

Documentary
Lorem ipsum dolor sit amet, con secte tur adipiscing elit duis egestas.

Artists Responses
Lorem ipsum dolor sit amet, con secte tur adipiscing elit duis egestas.

Facts & Stats
Lorem ipsum dolor sit amet, con secte tur adipiscing elit duis egestas.

M+ Magazine

脫氧核糖核酸

03

用户界面设计成就或破坏可用性。

任何设计师创造的任何产品首先都以其可用性的有效性来衡量优劣。或者换句话说，用户对特定设计的使用程度有助于用户实现预期目标。为什么？因为不起作用的产品、服务和信息往好里说是令人讨厌的，往坏里说是灾难性的。

由于用户体验设计（UX）是针对用户对产品或服务的总体体验，我们倾向于认为，通过简单地关注用户体验可以实现高可用性。然而，负责最终用户实际交互的是另一个学科——用户界面设计（UI）。布局、排版、信息层次、交互、可访问性和信息密度等方面的选择是UI设计者的责任，而这正是最终决定可用性的因素（见原则75）。

还记得2000年美国总统选举时，布什以537票的微弱优势在佛罗里达州获胜吗？事实证明，在现在臭名昭著的“蝴蝶”选票事件中，排列不齐的选票设计导致许多人意外地投票给了错误的候选人。用户体验和用户界面的糟糕设计导致阿尔·戈尔失去了总统职位。

让我们分析一下“蝴蝶”选票设计的失败之处：

- 注册投票困难：用户体验设计的失败
- 投票站设计不当：用户体验设计的失败
- 投票机制每年都缺乏一致性：用户体验设计的失败
- 听力和视力受损者缺乏可访问性：用户体验和用户界面设计的失败
- 首次投票者学习能力低：用户体验设计的失败
- 数字素养低的人学习能力低：用户体验设计的失败
- 令人困惑的指令：用户体验设计的失败
- 候选人的偏好顺序（列表中的第一项最受欢迎）：用户界面设计的失败
- 认知负荷高（一次提供的选项太多）：用户体验和用户界面设计的失败
- 混乱的选票布局设计：用户体验和用户界面设计的失败
- 缺乏视觉层次：用户体验和用户界面设计的失败
- 所选字体易读性差：用户界面设计的失败
- 穿孔卡机故障，留下挂卡：用户体验设计的失败

人们经常将可用性与用户体验性、易用性混为一谈。但是，在整个设计过程中，从搭建框架到最终界面设计，用户体验和用户界面设计师都需要考虑可用性。也许如果当时有人对投票体验的用户体验和实际选票设计的用户界面进行了一些可用性测试，这整个混乱就可以避免，阿尔·戈尔可能就会成为总统。

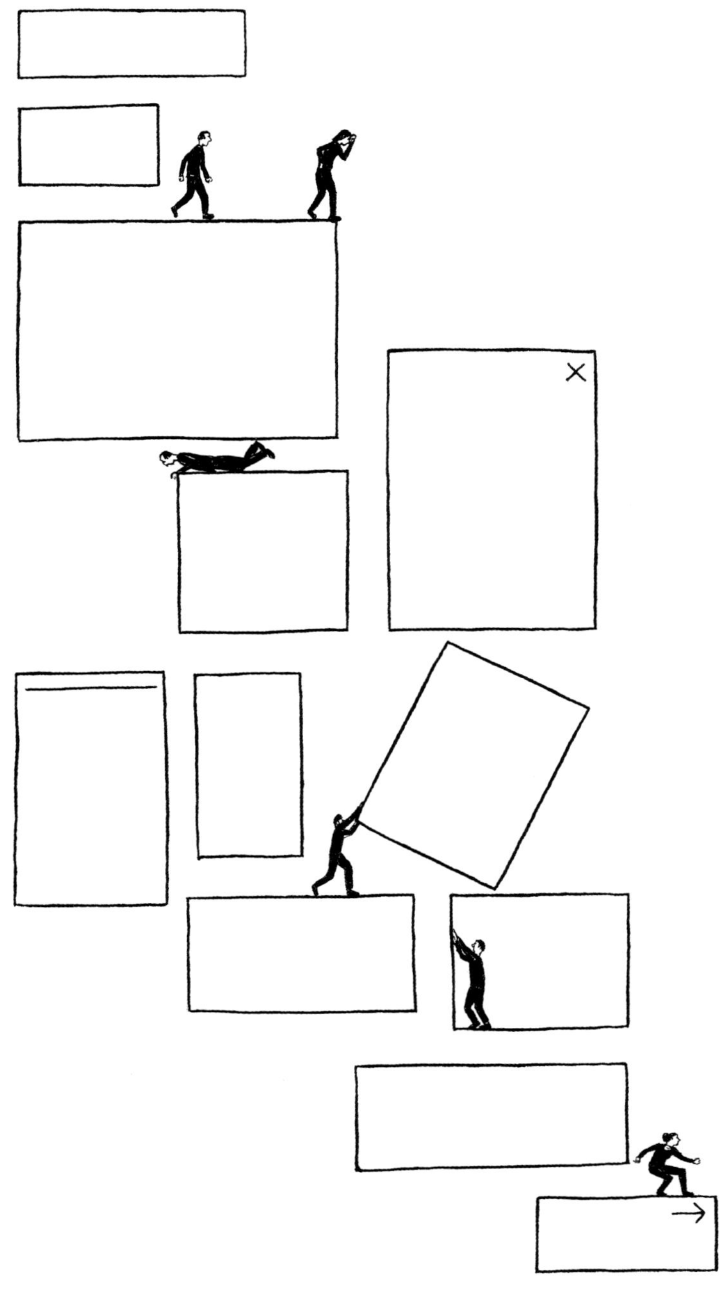

04

永远超越预期。

当我第一次穿过新加坡樟宜机场时，我心想，无论谁设计了这个机场，都会成为一个令人惊叹的用户体验设计师。机场本身就是一个目的地，有瀑布和花园、露天甲板和各种令人惊叹的餐厅。甚至还有一个游泳池。这是我有生以来第一次在机场有意识地感觉到“哇，太酷了”，以至于登机时我很难过。

带给我最糟糕体验的机场是纽约市的拉瓜迪亚机场。低矮的天花板、狭窄的走廊、单调肮脏的地毯，以及缺乏合适的用餐选择，都给我带来了糟糕的旅行体验，以至于在我坐上通往那里的出租车时就开始感到沮丧。然而，拉瓜迪亚机场和樟宜机场的核心功能完全相同——它们都是航空旅行的枢纽。然而，一个比另一个要好得多。

每年我都会给正在攻读交互设计硕士学位的学生们做同样的简报。我给他们同样的信息，同样的投入，同样的限制。每年，他们会把大部分精力放在关注可用性、内容和功能方面，并做得很好，但他们不会考虑那些能让交互体验独特或难忘的额外因素。他们最初的所有设计解决方案总是平淡无奇、易被忘记的。只有当他们学会从不同的角度看待问题时，他们才能让设计变得特别（见原则41）。

别误会我的意思。产品必须首先要在发挥其他影响力之前是有用的，否则就是给猪涂口红。但仅仅是让一个产品发挥作用，就只是桌上的赌注。在20世纪90年代末和21世纪初，让产品有用可能已经足够了，虽然当时确实有很多选择，但在今天的环境中，仅移动应用程序就有近1000万个，一个容易被遗忘的有用产品是要被淘汰的。

那么，什么样的设计体验会令人难忘呢？有两点需要注意。首先，我们需要想出人们不会想到的功能，比如史蒂夫·乔布斯在2007年苹果公司的一次活动中推出了缩放功能（令在场的观众惊讶不已）。其次，我们还需要让人们进入一种流畅的状态，心理学家米哈里·契克森米哈赖将其描述为一种完全沉浸的状态。根据契克森米哈赖的说法，如果人们完全参与并专注于他们正在做的事情，活动就会变得更加引人入胜和愉快。

换句话说，如果我们能够用直观和创新的功能给用户带来惊喜，如果互动模式消除了干扰，让人们进入流畅的状态，我们离超越他们的预期就又近了一步。

→
对于科技型人才管理公司True的网站，我们创建了一个令人惊讶的交互界面。单词True中的每个字母都会对用户的鼠标光标做出反应，当用户向下滚动页面时，背景仍然存在，只向上移动页面中的白色板块，同时通过突出的圆形、三角形和正方形图案背景图像。

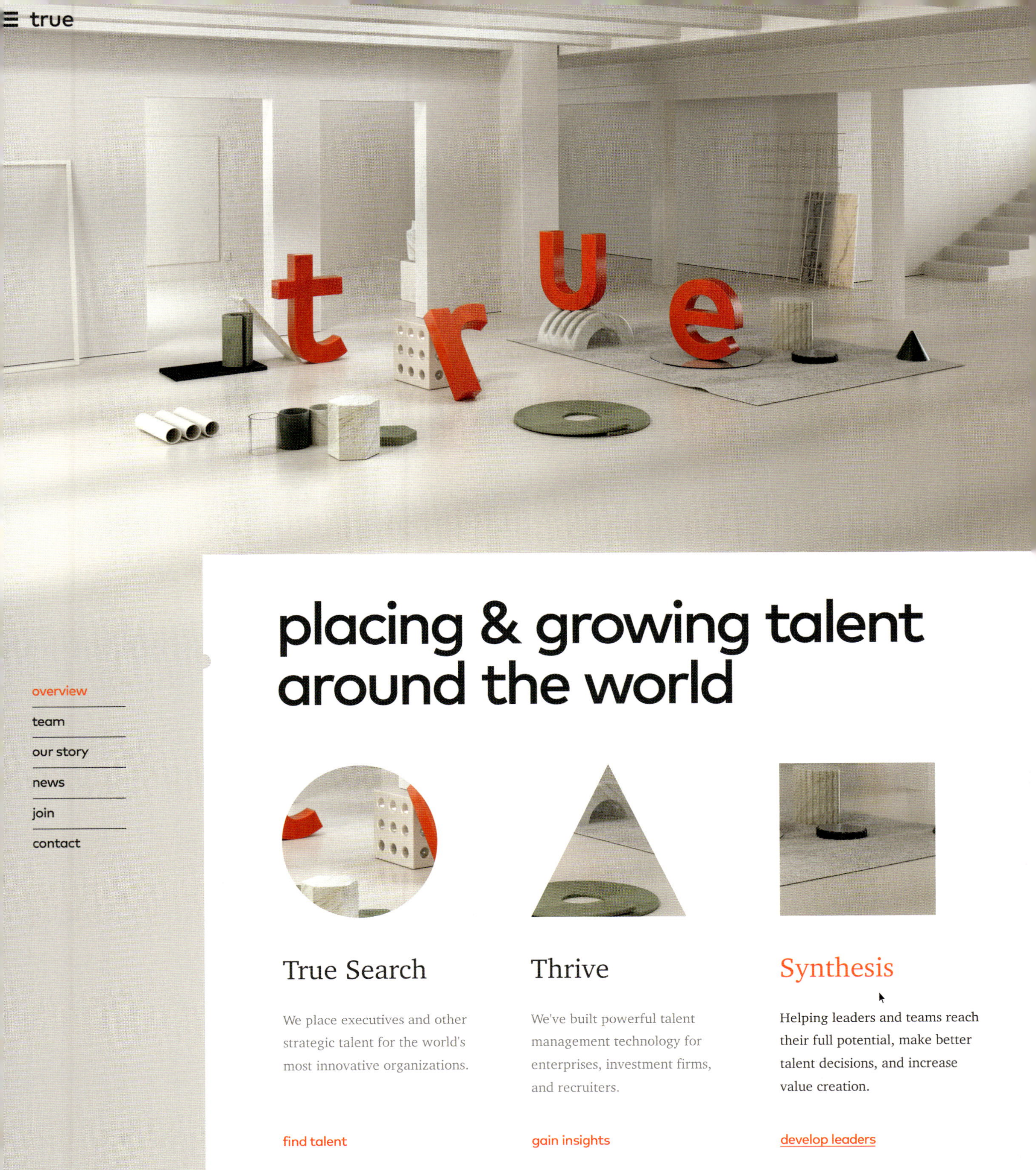

true

placing & growing talent around the world

overview

team

our story

news

join

contact

True Search

We place executives and other strategic talent for the world's most innovative organizations.

find talent

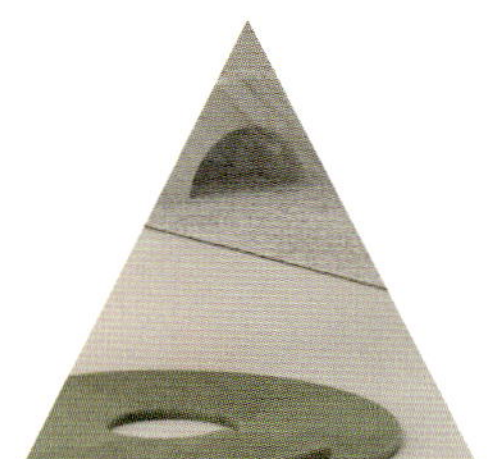

Thrive

We've built powerful talent management technology for enterprises, investment firms, and recruiters.

gain insights

Synthesis

Helping leaders and teams reach their full potential, make better talent decisions, and increase value creation.

develop leaders

05

设计不要中立。

在互联网的早期，当我们点击I LOVE YOU文本时，会出现尼日利亚王子们借钱的电子邮件，中奖的彩票弹出窗口。这些骗局并不十分巧妙，与电视上的心理诱导广告、宣布免费假期的广播广告、邮寄的假汇票，或者针对在美国的中国移民的普通话自动语音不同。

如今，互联网在诱骗我们做不想做的事情方面变得更加巧妙。与以前的骗局不同，它通常不是明目张胆地要钱，而是合法公司用来创造更多销售额、获得更多订阅数或收集更多个人信息的小欺骗手段。它由企业订购，精心制作，对人类心理有着全方位的理解，由设计师执行，完全合法。

世界上几乎每个国家都有针对心理学家、医生、律师和媒体的道德准则，在工程行业和房地产行业当中也有相关准则。但在设计行业中，却没有这样的东西。2010年，用户体验设计师哈里·布里格努尔（认知科学博士）创造了“黑暗模式”（我个人更喜欢用“欺骗性模式”）一词，并列举了12个故意设计出的欺骗性例子。有些是无害的，比如默认选中的“订阅实时消息”复选框，而另一些则有潜在的风险，比如常规新闻文章中的广告。

当我们创办工作室时，经过慎重思考，我们决定不为那些倾向于危害环境（如大型石油公司）、人类（如制药公司）或整个社会（如某个助长假新闻和阴谋论传播的大型社交媒体平台）的客户工作。但有时伦理问题不那么容易被察觉，这类问题更像是一个通往

深渊的缓坡，其中的危险是潜在的。

当我们与一家国际知名杂志合作时——是的，你知道他们是谁——我们被要求设计“原生广告”模板。原生广告是指被设计成与真实文章相似的广告，这种形式的广告故意让人们更难区分新闻和广告。这让人感觉不好，我们提出了质疑，然后被驳回了。我很惭愧地说，我们没有坚持自己的立场，最终，我们还是按照他们的要求行事。这发生在整个假新闻危机之前的许多年，但我经常回顾当时并怀疑自己是否也是促成这个问题的罪魁祸首之一。

由于在设计过程中没有道德规范，我们必须依靠每个设计师做出正确的道德决定。如果我们的设计故意隐瞒真实成本，欺骗人们做出决定，或歪曲信息，我们就是问题的一部分。不管是否是我们公司的决定，还是客户要求我们做出的决定，我们都有责任。不与不能达成一致见解的新客户合作很容易。当现有客户要求我们设计一些我们知道在本质上是错误的、危害社会的东西时，我们很难坚持自己的立场。

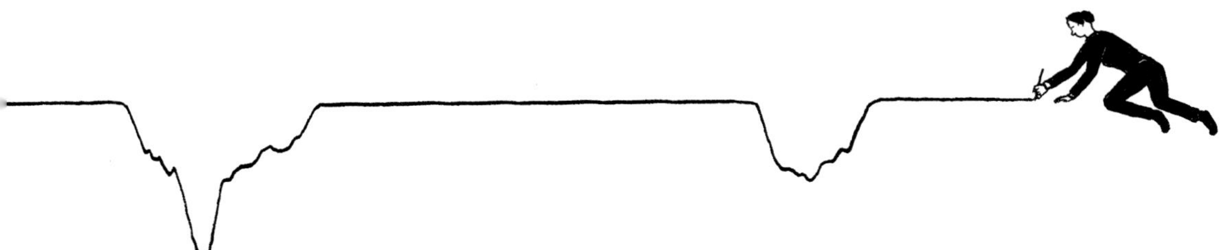

06

措辞很重要。

我总是告诉我的学生，作为一名用户体验设计师，最好的投资技能是写作。互联网毕竟是由文字组成的。好的用户体验文案是为感觉而写的，与技术术语相反。它旨在唤起情感，同时消除所有歧义。它是用户体验设计中极其重要的一部分，它的缺失让人深感不安。如果没有正确的措辞，整个用户体验就会崩溃。

根据电子营销家网站在2020年所做的研究，我们现在的屏幕时间比睡觉时间还长。我们大多数人与界面交流的时间比与真人交流的时间还多。当这种交流感觉顺畅时，我们会认为这是理所当然的。但如果感觉稍有怪异或无厘头，我们就会立刻反感。

不幸的是，糟糕的用户体验文案无处不在。我们不断地被信息和信息需求轰炸，这些信息从现实主义到荒诞主义都有。操作系统弹出窗口，询问我们在哪里。优步通知我们，耶稣乘坐一辆本田雅阁抵达。Facebook告诉我们关注数为0。什么？

你可能听说过人们不在网上阅读的常见误解，这是不正确的。人们确实在网上读书，他们只是读的方式不一样。他们往往比阅读印刷品时更注重任务和目标（见原则75）。他们也期待更多的对话，因为与印刷品不同，他们可以利用阅读系统调整进度。因此，他们希望快速完成任务，并像不通过电脑那样进行沟通。

当为网络写作时，目标应该总是让文案尽可能容易理解和对话。简化语言，标记内容，使副本大小适中，不要将链接隐藏在长段落中，并确保内容易于扫描。如果你使用列表，则可获得额外积分。然后直接用“你”来称呼用户。你说的这个词是关于他们和他们的目标，而不是关于你和你的产品或服务。

同样重要的是，要对句子和段落进行严格的编辑。把它删掉，让它准确地表达出需要表达的内容，仅此而已。一旦感觉不错，就试着大声读出来。好的网络文案应该给人娓娓道来的感觉。如果你大声朗读时感觉怪异或机械，说明你还没有达到要求。

→
我们与SPACE10、宜家合作开展了一项互动调查，旨在收集和展示人们对集体生活（《2030年的合租房》）的偏好，在这项调查中，我们创建了一个界面，让人们能够通过对话快速筛选所有数据。

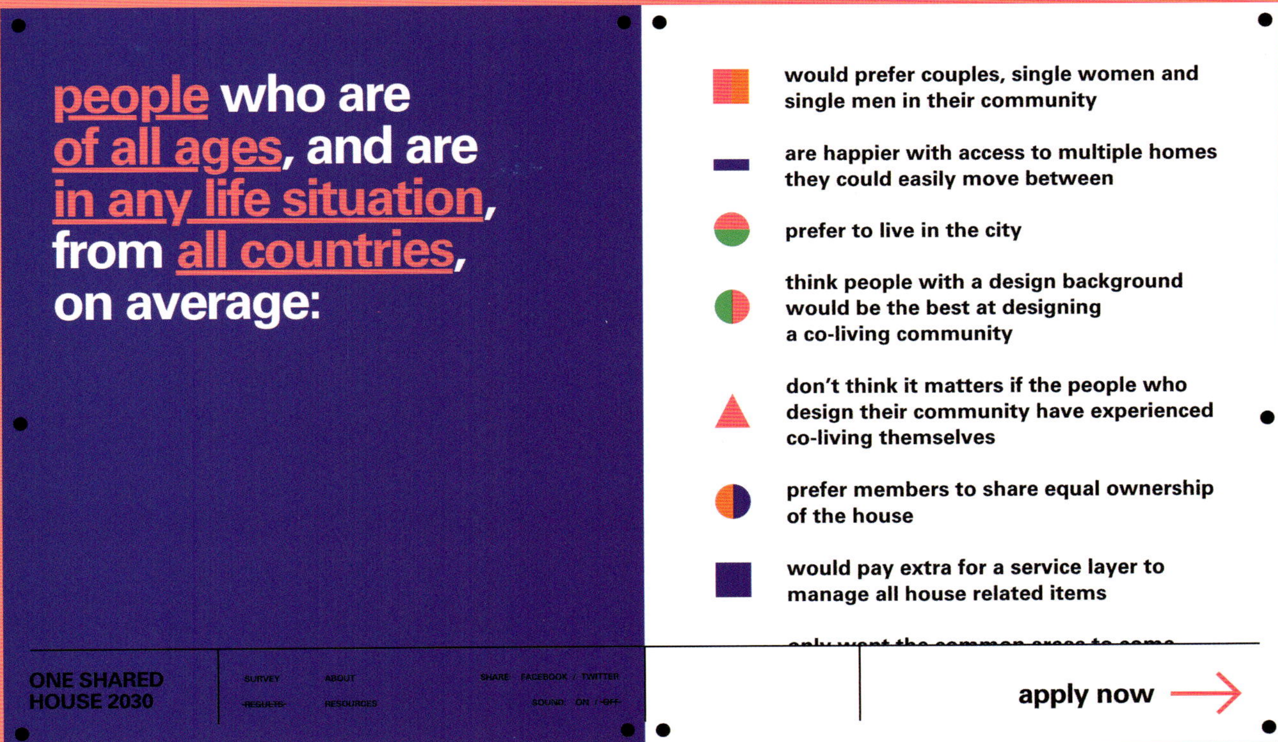
people who are of all ages, and are in any life situation, from all countries, on average:
would prefer couples, single women and single men in their community
are happier with access to multiple homes they could easily move between
prefer to live in the city
think people with a design background would be the best at designing a co-living community
don't think it matters if the people who design their community have experienced co-living themselves
prefer members to share equal ownership of the house
would pay extra for a service layer to manage all house related items
ONE SHARED HOUSE 2030
SURVEY
ABOUT
RESULTS
RESOURCES
SHARE: FACEBOOK / TWITTER
SOUND: ON / OFF
apply now

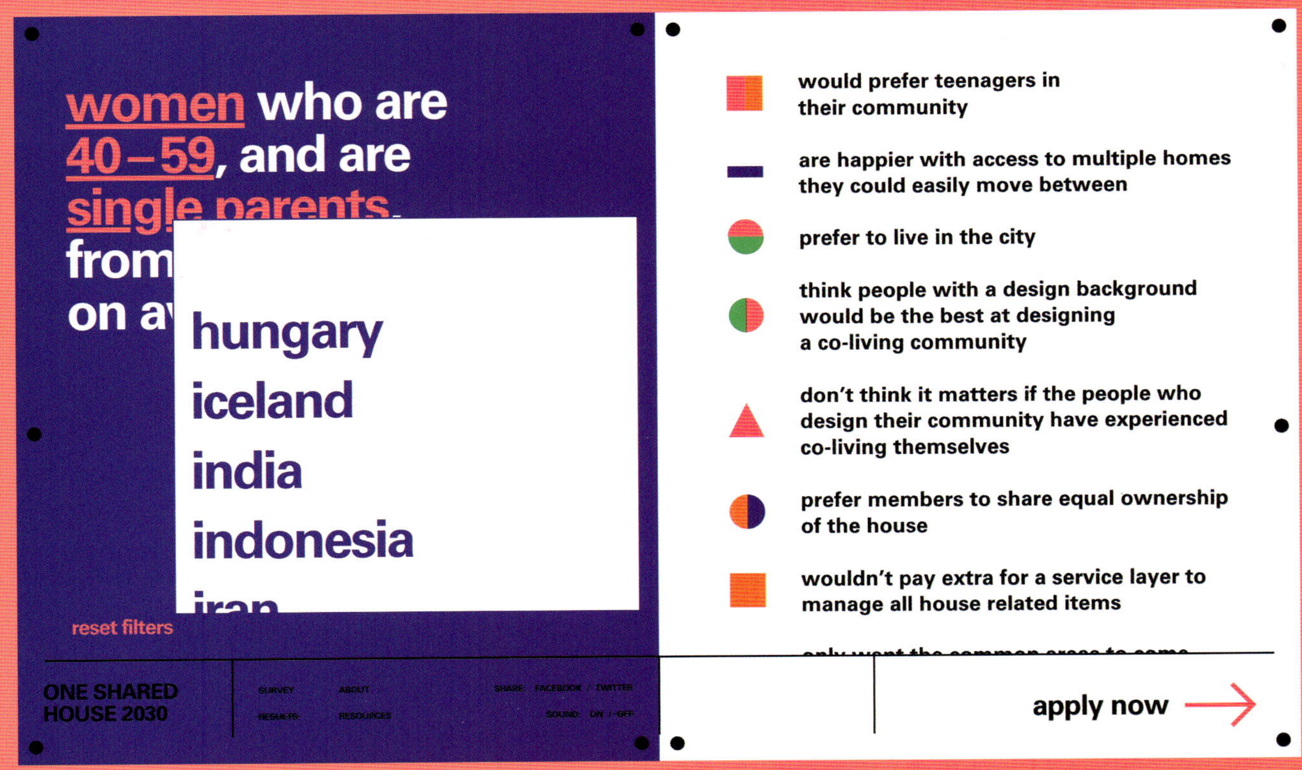
women who are 40–59, and are
hungary
iceland
india
indonesia
reset filters
would prefer teenagers in their community
are happier with access to multiple homes they could easily move between
prefer to live in the city
think people with a design background would be the best at designing a co-living community
don't think it matters if the people who design their community have experienced co-living themselves
prefer members to share equal ownership of the house
wouldn't pay extra for a service layer to manage all house related items
ONE SHARED HOUSE 2030
SURVEY
ABOUT
RESULTS
RESOURCES
SHARE: FACEBOOK / TWITTER
SOUND: ON / OFF
apply now

07

视觉暗示传达信息最快。

大脑处理图像的速度比处理文本快6万倍，图像的处理是通过我们大脑的镜头——心智模型进行过滤的，心智模型是我们周围世界的简化版本（见原则62）。一个好的视觉暗示通过这些心智模型的过滤会创造出新的意义，并通过利用现有的象征意义来帮助观众建立联系。

就在2011年日本刚刚发生9.0级大地震以及随后的海啸后，我们立即开始为谷歌日本开发一个网站，让世界各地的人们向日本人民传递希望信息，同时为救灾工作筹集资金。在“给日本的留言”网站上，人们可以用自己的语言写留言，并通过集成的谷歌翻译应用程序接口进行实时翻译。

在当时，谷歌还将投放广告以提高活动的知名度。考虑到广告的高饱和度需求，以及谷歌翻译本身在视觉上并不有趣的事实，为了不受广告的干扰做出适合主题的、具有暗示作用的设计，我们承受了额外的压力。

因此，我们问自己，什么能立即传达“日本”和“希望”这两个词？

经过非常快速的研究（该网站必须在48小时内启动），我们选择了日本樱花树。樱花象征着春天，万物复苏的时期，并暗示生命的短暂本质。我们迅速与谷歌日本团队进行了讨论，以确保我们的想法会产生普遍的文化共情，当获得肯定时，我们立即开始工作。

网站的核心目的非常简单。不过，留言的设计看起来就像樱花树的花朵，留言越多，樱花树就开得越多。我们知道这次活动的流量会非常大，但时间很短，所以在地震发生后的前两周，我们看到这棵象征性的樱花树盛开了，这真是令人惊叹。

活动结束时，来自40多个不同国家的5万多条信息被翻译，筹集到的捐款超过500万美元。这是谷歌翻译第一次不是作为一种工具，而是作为一种表达我们人性中更美好部分的通道而存在。这次活动的成功在很大程度上（如果不能说是完全）归功于我们选择了一个能够正确传达信息的视觉暗示策略。

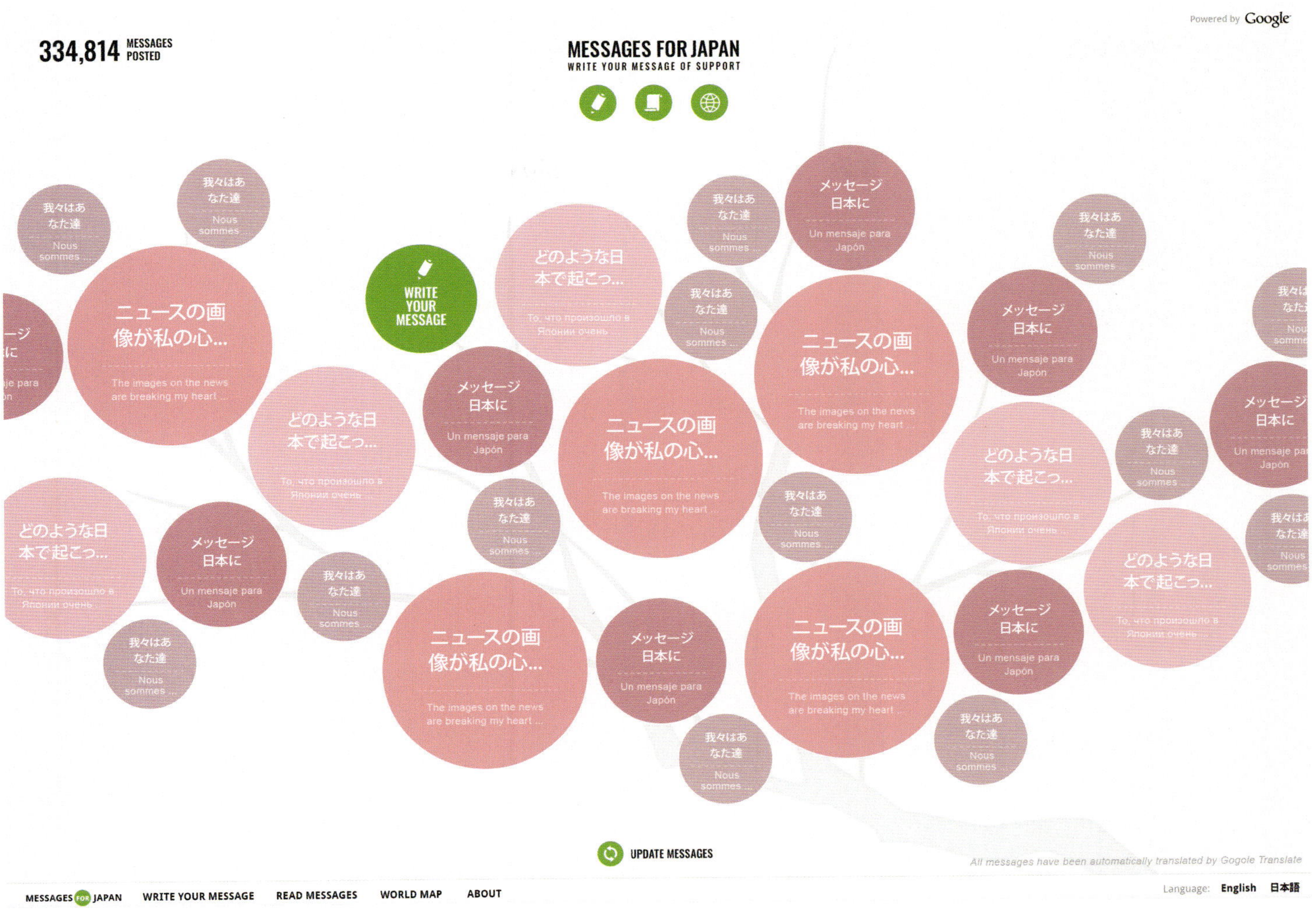

334,814 MESSAGES POSTED
Powered by Google
MESSAGES FOR JAPAN
WRITE YOUR MESSAGE OF SUPPORT
WRITE YOUR MESSAGE
我々はあなた達
Nous sommes ...
ニュースの画像が私の心...
The images on the news are breaking my heart ...
どのような日本で起こっ...
То, что произошло в Японии очень
メッセージ日本に
Un mensaje para Japón
UPDATE MESSAGES
All messages have been automatically translated by Gogole Translate
MESSAGES FOR JAPAN
WRITE YOUR MESSAGE
READ MESSAGES
WORLD MAP
ABOUT
Language: English 日本語

ALL MESSAGES
MESSAGES FOR JAPAN
WRITE YOUR MESSAGE OF SUPPORT
28 MARCH 2011
by Jess from New York
ニュースの画像が私の心を壊している。私の思いと祈りは、今、日本のみんなとしています。
Original message in English:
"The images on the news are breaking my heart. My thoughts and prayers are with everyone in Japan right now."
FLAG MESSAGE
SHARE THIS MESSAGE
MESSAGES FOR JAPAN
WRITE YOUR MESSAGE
READ MESSAGES
WORLD MAP
ABOUT
Language: English 日本語

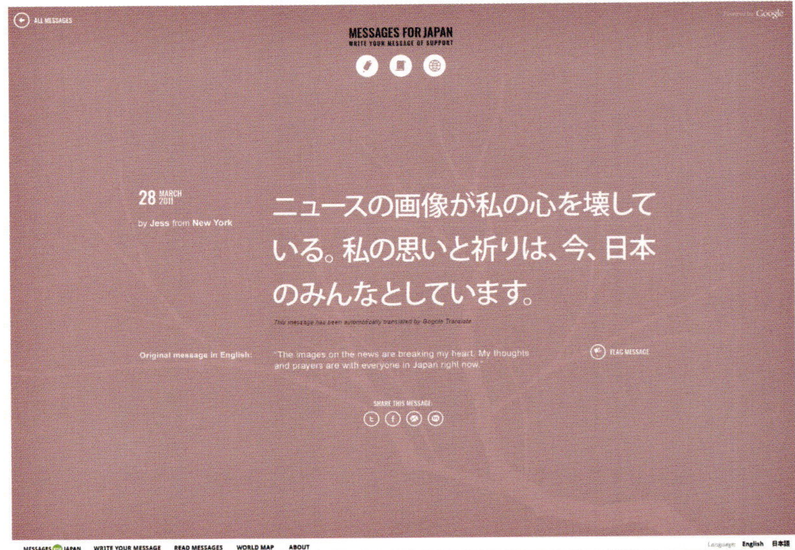

→
我们为谷歌日本开发的互动体验设计让人们可以用自己的语言为 2011 年日本海啸灾民留言。造型别致的日本樱花树上盛开着来自世界各地的人们的留言。

08

有吸引力的产品更易使用。

关于人类如何与计算机互动的大多数科学研究都是在人机交互（HCI）领域完成的，而不是由用户体验设计师完成的。这些研究以真正的科学为基础，没有任何特定的偏见或目的。

1995 年，日本人机交互研究科学家黑须正明和柏村香织试图了解计算机交互中可用性与美学之间的相关性。他们让252名参与者根据界面的易用性和美观程度对26种不同的提款机界面进行评判。

研究结果表明，人们并不是根据界面的实际可用性来判断可用性的。我们是根据美感来判断可用性的。

换句话说，我们偏向于认为漂亮的产品更好用，即使它们并不好用。而当产品无法正常工作时，我们仍然会认为它们很美，并对产品日后可能遇到的可用性问题宽容得多。这种现象在后来的许多研究中都被注意到，并被证实，后被称为美学—可用性效应。

我们工作室设计的最不好用的产品也是最漂亮的产品之一——NU:RO手表。这款手表有两个表盘，上面的表盘显示小时，下面的表盘显示分钟。每个表盘都有自己的表冠，可以调节小时或分钟，但不能同时调节两个表盘。由于分钟仅以 5 分钟为间隔显示，因此几乎不可能准确报时。然而，从来没有人抱怨这款手表的实用性太差而退货。

NU:RO手表可能不太好用，但徕卡相机、菲利普 · 斯塔克的Juicy Salif柠檬榨汁机或兰博基尼的Diablo跑车也不好用。我们不介意为此付出努力，因为我们更珍视它们的美。

这并不意味着我们只专注于把东西做得漂亮，然后就完事大吉。我们的宽容是有限度的。如果某些东西根本无法使用，或者用户发现与想象相去甚远，那么再美的东西也无法挽救（见原则13）。如果说这里真的有什么值得我们学习的地方，那也不是说我们应该只注重美观而忽视可用性，而是要理解为什么我们应该两者兼顾。

→
我们自制的 NU:RO 手表特写，时间显示在沙漏中间。虽然这不是最直观的设计，但确实非常漂亮。

09

人容易记住不寻常的事物。

美籍法裔工业设计师雷蒙德 · 罗维认为，人们会在对新事物的恐惧和对新事物的好奇之间徘徊。他将此称为 MAYA 原则（Most Advanced Yet Acceptable 的缩写，即 “最先进但可接受的”），并指出，要销售新事物，就必须使其为人们所熟悉；要销售人们熟悉的事物，就必须使其出人意料。

例如，如果我们要向市场推出一种全新的产品，比如用绿豆制成的素食鸡蛋，我们可能希望设计的包装尽可能接近普通的鸡蛋。但是，如果我们在一堆普通鸡蛋中销售其中一个品牌的普通鸡蛋，我们就希望我们销售的鸡蛋包装能够脱颖而出，与众不同。

1933 年，德国精神病学家赫德维格 · 冯 · 雷斯托夫进行了一项记忆实验，发现当人们拿到一串需要记忆的单词时，他们更有可能记住其中最突出的单词。无论它是比其他单词长、字体不同，还是使用了斜体或颜色不同，都没有关系，它必须与众不同。事实上，越奇怪的词越容易被记住。

这种偏见被称为“冯 · 雷斯托夫效应”，当我们创办自己的设计工作室 时，我们就是利用这种效应将自己与竞争对手区分开来的。我们知道，我们必须与成千上万家规模更大、更成熟、更知名的数字公司竞争客户，而我们提供的服务基本上是相同的。换句话说，我们是在一堆鸡蛋旁边卖鸡蛋，只不过没有人听说过我们的鸡蛋。

我们查看了竞争对手的网站上的作品集，发现他们都在使用类似的分类处理、布局、讲故事的方法，甚至是头像。这是一片千篇一律的平淡海洋。要从众多竞争者中脱颖而出并不难。

我们穿上了五颜六色的紧身连体衣，并根据用户悬停的位置制作了一系列图片。我们拍摄了自己在雪地里穿着击剑服的照片，而不是头像。这是一个与众不同的主页，并且它很有用。每当我们问客户为什么选择我们时，他们几乎总是回答：“你们的网站太……与众不同了。”

每当我们在视觉上让某件物品脱颖而出，刻意吸引别人的注意，或在小组中突出重要信息时，我们都在使用这种偏见（见原则15）。由于大多数时候我们并不是在开发全新的或前所未有的产品，因此最容易产生影响的方法就是做与其他人相反的事情。

→
我们工作室网站（Anton & Irene）的主页和简介图片，左边是我的设计合伙人安东，右边是我，与其他任何公司的图片都不同。这两张图片都可以通过鼠标光标来与用户互动。

ANTON & IRENE

24

10

第一项和最后一项最容易被记住。

1885年，德国心理学家赫尔曼·艾宾浩斯对自己进行了记忆实验，研究一个项目在列表中的位置是否会影响他的记忆能力。他发现，处于序列开头或结尾的项目更容易被记住。这是因为位于序列开头的项目存储在我们的长期记忆中，而位于序列末尾的项目存储在我们的短期记忆中。我们的大脑不知道该如何处理中间的内容。

这种偏差被称为序列位置效应，这在设计任何类型的线上信息时都至关重要。如果我们需要用户记住某些特别的东西，或者需要他们执行某个特定的操作，那么最好是以这些东西作为引导或结束，而不是将其埋没在中间的某个地方。

在新冠疫情期间，Adobe邀请我们指导一位有抱负的年轻创意人开展一个项目。我们负责的项目将允许用户浏览新闻文章和社交媒体帖子，这些文章和帖子都提到了大流行期间人们对时间的感知发生了怎样的变化。从 2020 年 3 月开始，用户沿着疫情发展的时间项浏览，最后进入一项调查，询问人们对时间的感知是否发生了变化。

为了快速传达这个项目的内容，我们将项目描述放在首位。新闻文章按时间顺序排列，通过屏幕的Z轴，就像一条隧道，吸引用户跳过，尽快到达终点。一旦到达隧道尽头，就会提示用户完成调查。我们希望他们记住的最重要的事情排在前面，而我们希望他们做的最重要的事情排在最后。

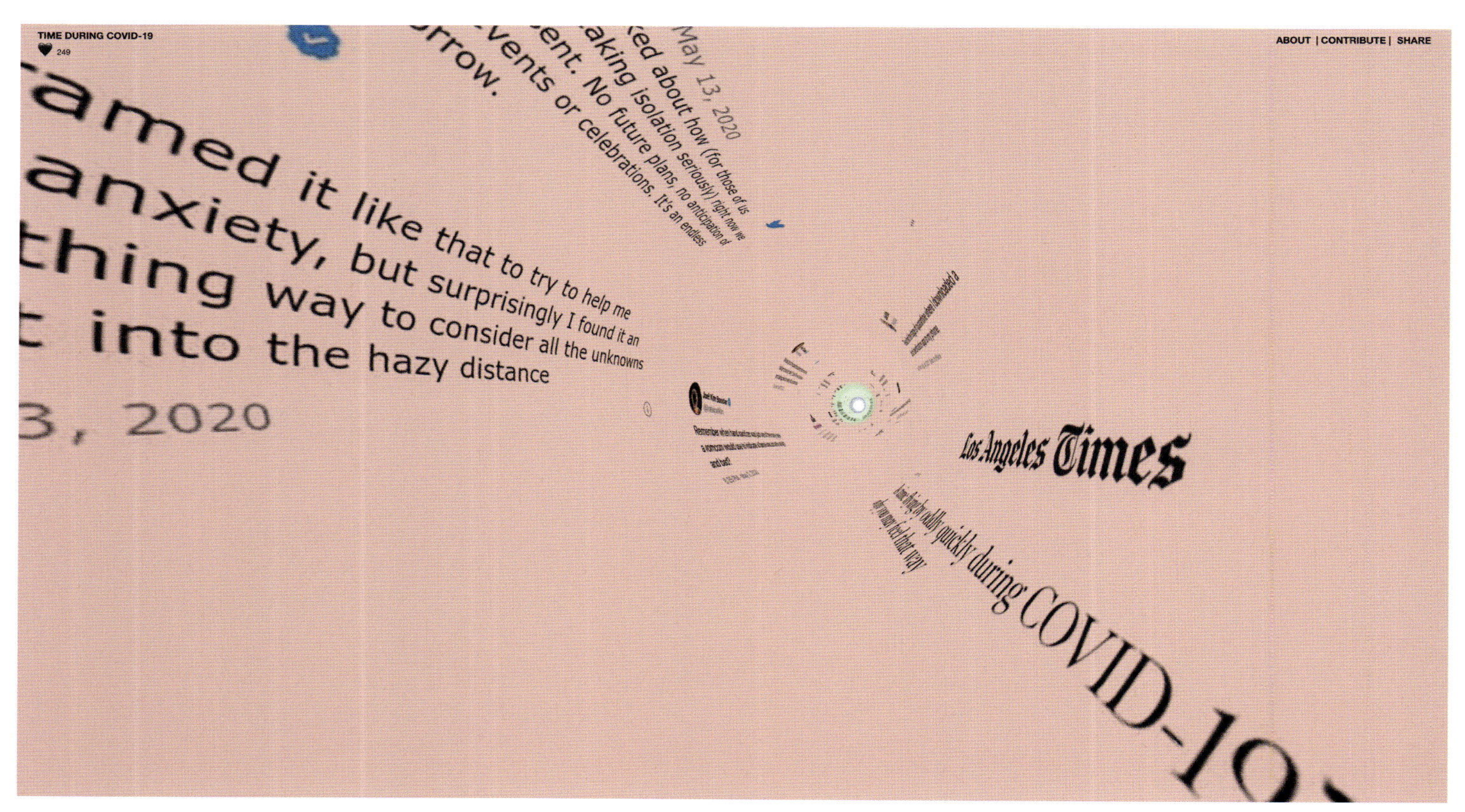

在用户体验设计中，了解记忆是如何起作用的，以及如何利用序列位置效应来发挥我们的优势至关重要。并非所有信息都同等重要。除了确保所有信息都是易察看的、简短的（见原则6），我们还需要确定我们希望人们记住什么或做什么，并将其放在序列的第一位或最后一位。我们设计的任何交互模型都需要有意识地让用户忘记那些不太重要的部分，以便为我们希望他们记住的内容腾出空间。

↓
这个“时间隧道”交互模型旨在产生一种幽闭恐惧感，使人们迫切尽快到达终点，这类似于我们大多数人在新冠肺炎疫情期间的感受。由于我们希望人们在到达隧道尽头后告诉我们他们在疫情期间的感受，因此用户尽快滚动通过隧道非常重要。

11

少即是多。

我们终于谈到了20世纪最具争议的设计“信条”——少即是多（less is more）。每年我都会让学生就设计界的争议主题进行讨论，而“少即是多”总是引起争议最大的一个。在听取正反两方意见之前，学生们倾向于认为设计应“少即是多”，但谈论之后，几乎所有学生都会改变主意。事实上，这里没有对错之分。设计有时“少即是多”，有时则不然。稍后我们将讨论与这一论点截然相反的另一个观点（见原则12），但让我们先来看看在用户体验中，什么情况下应该“少即是多”。

这句话源自20世纪中期的建筑风格，1947年由德国现代主义建筑师路德维希·密斯·凡德罗（Ludwig Mies van der Rohe）提出，被广为流传。这句名言是对19世纪过于华丽的建筑风格的直接反击，开创了20世纪理性、简约和功能主义建筑运动。

那么，这如何适用于用户体验设计呢？澳大利亚教育心理学家约翰·斯韦勒认为，记忆超载通常会导致错误率升高。因此，当界面要求我们执行复杂任务时，界面设计要遵循“少即是多”的原则。如果我需要在线填写税单或申请医疗保健，那么相关界面要设计得“少即是多”。

当我们为香港新M+博物馆（下称M+）设计在线购票流程时，我们仔细考虑了如何使操作尽可能地简单和防错。当M+向我们提出功能需求时，我们坚持要去掉所有不能立即帮助用户完成任务的功能，并游说不要添加促销信息。我们提出了一个非常清晰、简约、功能超强和简洁的界面，既不会加重用户的认知负担，也不会留下任何解释空间。

这与我们为M+ 其他数字体验部分设计所采用的极繁主义方法形成了鲜明对比，后者刻意装饰，充满个性。界面的其他部分旨在激发灵感，产生惊奇和惊讶的感觉，吸引人们前来参观博物馆。这些设计不要求用户执行任何复杂的操作。

在用户体验设计中，华丽的设计和极繁主义是有用武之地的。但是，当涉及复杂的任务或流程时，设计应该“少即是多”。如果我们剔除所有不必要的部分，降低操作和认知成本，就能大大提高设计的可用性，只剩下最基本的要求，让复杂的交互变得更简单。

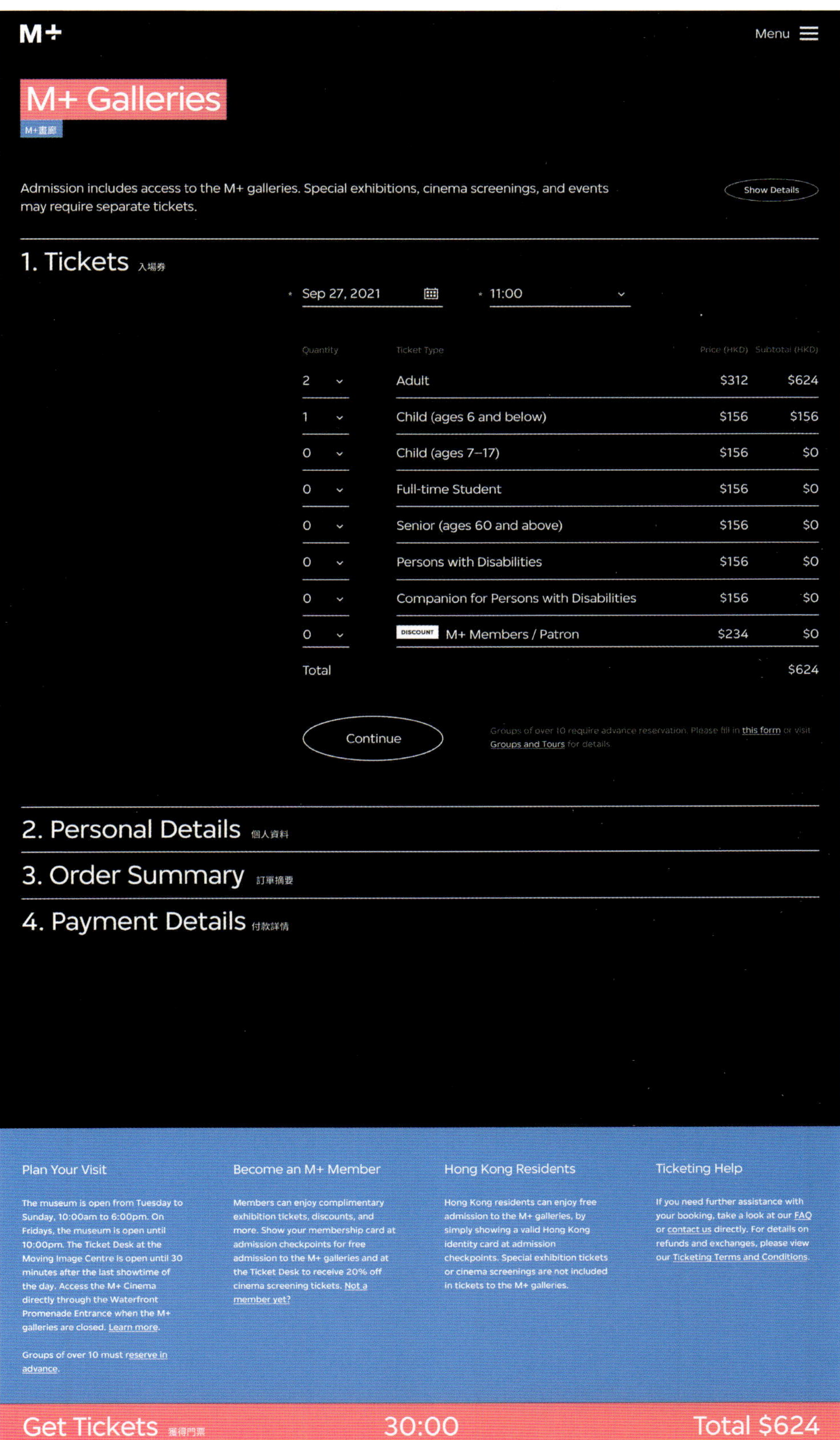

→
我们特意将香港新M+博物馆的购票流程设计得尽可能简单明了，创建了一个易于理解的分步流程，以消除用户操作出错的可能性。

12
少即是烦。

在密斯·凡德罗“少即是多”（见原则11）的理性专制统治20年后，建筑师罗伯特·文丘里创造了“少即是烦”（less is a bore）的理念。这句话意在批判当时盛行的唯极简主义和功能主义马首是瞻的现代主义建筑运动，转而颂扬之前的古典建筑运动中高度风格化和装饰性的设计。此类设计主张个性和极繁主义。

当网页设计刚兴起时，我们仍然有很多个性和尝试，但到了21世纪初，当我们意识到在完成复杂的任务时，如果剔除不必要的东西，用户的表现会更好时，我们就开始慢慢放弃这种个性和尝试。不过，我们并没有只在需要降低认知负荷时才使月极简方法，而是开始在所有地方都采用这种方法。

这是一个问题。打开过去10年间制作的任何网站或应用程序，你会发现它们几乎都是一个模样。这种平淡无奇的包豪斯式的用户体验设计很容易复制，不需要太多技巧，而且毫无个性可言。把这些极简主义网站的徽标换一下，猜猜是哪家公司的。祝你好运。

好在当一切看起来都相同时，我们可以通过与众不同来吸引注意力。这就是极繁主义的魅力所在；它能够通过鲜明的色彩组合、对比强烈的图案、多种字体的搭配和不同寻常的交互模式，唤起不同的感觉和情感。它是极简设计所展现出的千篇一律的解毒剂。

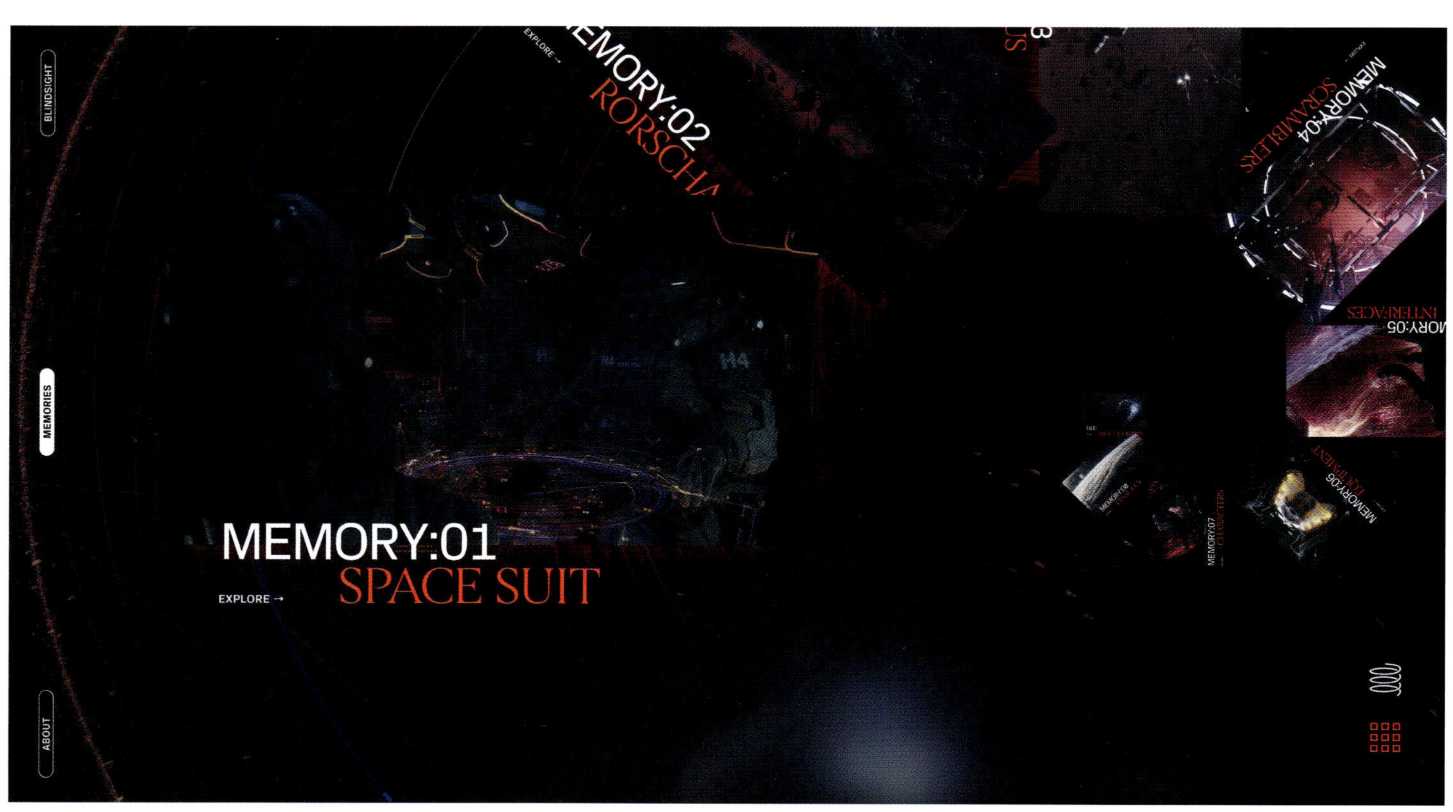

在为彼得·沃茨的科幻小说《盲点》改编的非商业网站工作时，我的搭档、我们工作室负责用户界面设计的安东将极繁主义发挥到了极致。网站的导航是螺旋式的，章节内部的侧滚动设置很奇怪，PXGrotesk字体和Begum字体（一种带有罗马衬线的技术字体）的结合产生了令人不安的字体冲突。然而，它却能正常运行。这是因为我们非常谨慎地测试了所有的交互效果，以确保用户不会受到设计的阻碍。

如果一个设计难以使用，那么它既不是极简主义，也不是极繁主义，它只是糟糕而已。极繁主义并不是为了堆砌而堆砌。设计仍然必须发挥作用。如果说极简主义就像一栋灰色的办公楼，那么极繁主义就像一栋猫形状的幼儿园大楼。这不是为了装饰而装饰。

↓
《盲点》互动体验的主屏幕，该体验改编自彼得·沃茨的同名科幻小说。书中的主角在返回地球的旅途中记录下了自己的所有记忆。

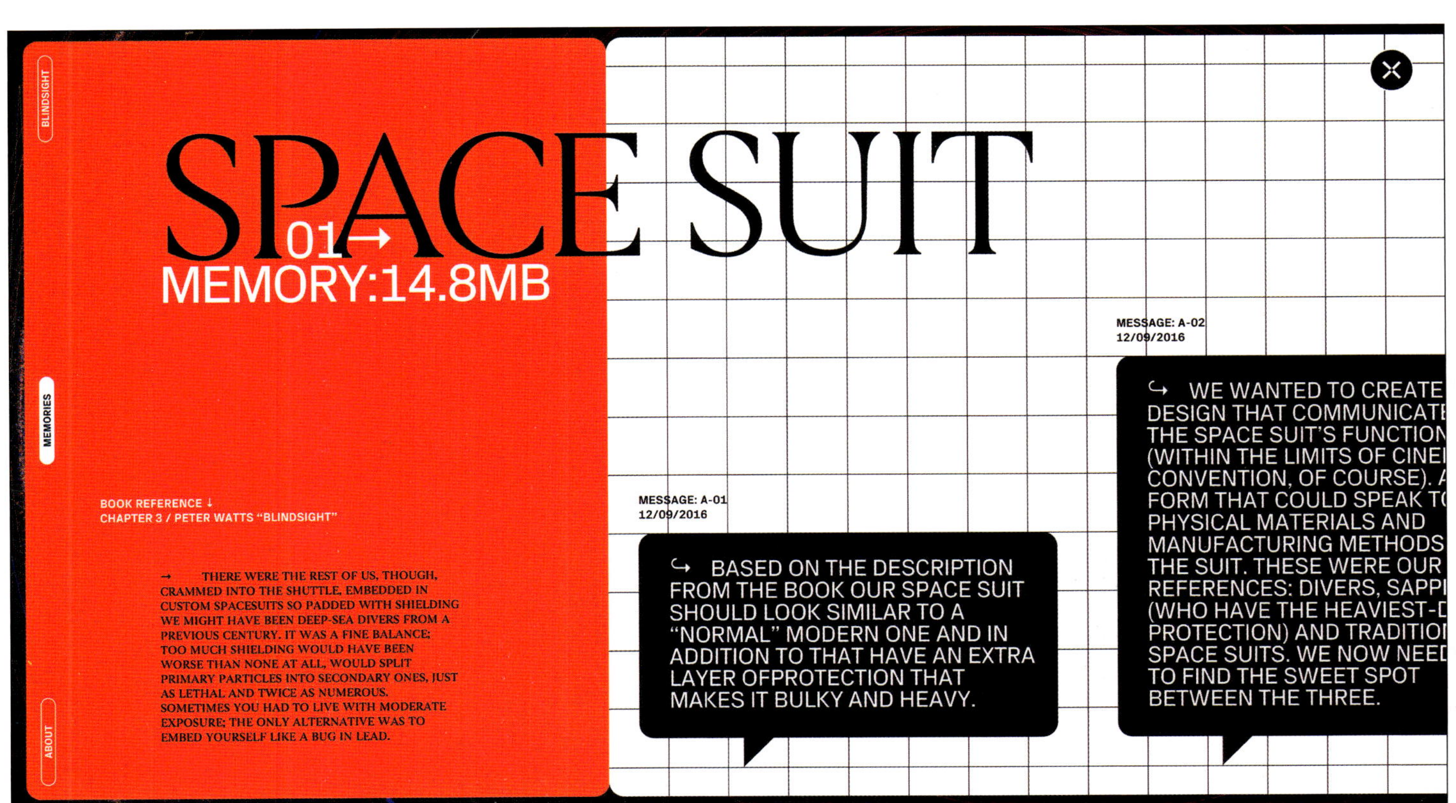

13

迅速提供反馈，否则就会出现问题。

在小说中，用户体验设计被美化的情况并不多见，但在电视剧《急中生智》（Halt andCatch Fire，讲述20世纪80年代的个人电脑革命）的一集中，却诞生了一个都市传奇：“你让电脑做一件事，然后按下回车键；如果它在不到400毫秒，也就是不到半秒的时间内回复你，那么你就会在那台电脑前待上几个小时。你的眼睛可能会瞪得大大的，但你的工作效率却会直线上升。你会目不转睛，如痴如醉。即使稍稍偏离半秒的反应时间，你的注意力也会分散。你会起身洗碗，拿起遥控器看比赛。但400毫秒以下，啊，那才是完美时刻。”

神奇的400毫秒响应时间理论实际上是沃尔特·多尔蒂等在1982年发表在IBM研究论文中的一项理论的简化版本。该论文的结论是，当计算机和用户的交互速度能够确保双方都不需要等待对方时，生产效率就会提高。响应时间越快，程序员的生产效率就越高，从长远来看，就能节省或赚取更多的钱。

但是，让我们来分析一下与当今网站和应用程序相关的实际数字，而不是20世纪80年代初IBM程序员的工作效率。根据人机交互研究员雅各布·尼尔森的研究，在设计时应牢记三个重要的响应时间阈值：

· 0.1秒是让用户感觉系统在瞬间做出反应的极限
· 1秒是用户思维流保持不间断的极限，尽管用户会注意到延迟
· 10秒是让用户将注意力集中在正在进行的交互上的极限

这意味着，如果计算机在不到1秒的时间内对我们的输入做出反应，我们就会认为它是一个反应灵敏的系统，但如果我们需要等待超过1秒的时间，计算机才能做出反应，我们就会认为它是一个缓慢的系统。因此，作为设计者，在大约2秒钟后，我们就应该通知用户计算机正在“思考”，而在大约5秒钟后，我们就应该开始让用户知道他们还需要等待多少时间。

为什么？因为速度是可用性的终极指标。它对我们的体验有很大的影响，以至于它可能成为人们记忆中最深刻的一件事，甚至比实际设计更令人难忘。换句话说，丑而快比美而慢更好。但实际上并不总是这样。有时候，让人们慢一点其实也不错（见原则14）。

→
浏览香港M+博物馆的在线收藏，无尽滚动屏幕可以让用户看到博物馆收藏的所有艺术品。当滚动屏幕的速度过快或网络连接速度过慢时，系统会通知用户有更多的内容仍在加载中。.

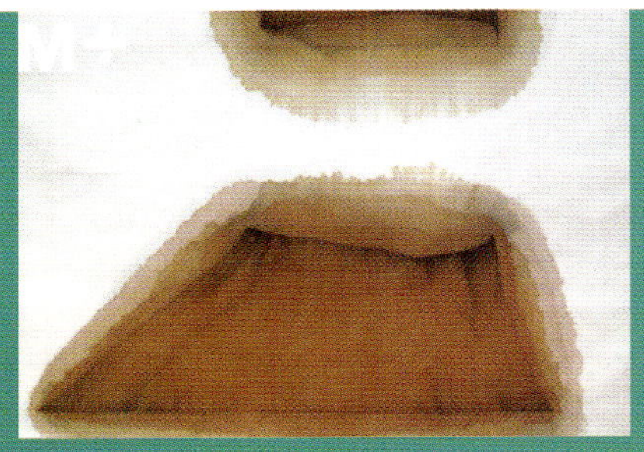

Wucius Wong
Elevation
1973

Fang Lijun
Untitled
1995

Fang Lijun
Untitled
1995

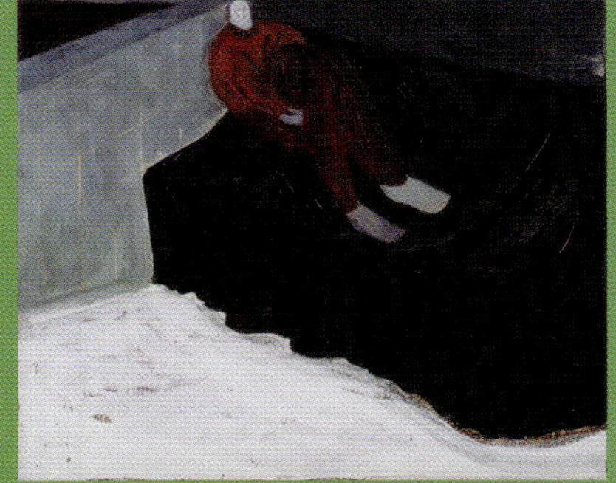

Firenze Lai
The Bone Setting Clinic
2012

Guang Tingbo
I Graze Horse for My Motherland
1973

Yokoo Tadanori
Diary of a Shinjuku Burglar
1968

Loading More Items

Menu

Zhang Xiaogang
Bloodline Series- Big Family No. 17-1998
1998

Michael Wolf
Architecture of Density, No.39
2005

Zhang Hongzan
Settle down in where the oil was found
1973

Yue Minjun
2000 A.D. (Group of sculptures. 25 figures)
2000

14

阻碍并不总是坏事。

我们的工作就是让事情变得尽可能简单，为用户扫除一切障碍，设计出让他们能够以最快的方式实现目标的体验，对吗？但是，并非总是如此。虽然我们应该总是消除不必要的阻碍，但并非所有的交互都需要无阻碍的体验速度。有时，我们确实需要用户放慢脚步，专注于他们将要做的事情，尤其是当他们的行为会带来严重后果时。

每当我们被问到“你确定要删除这个吗？”“你同意我们的cookie政策吗？”或“你是想发送一封没有主题的电子邮件吗？”时，我们都是在与一个故意设计的阻碍案例互动。

问题是，我们往往会把这些弹出式窗口像恼人的苍蝇一样赶走，而不会真正阅读它们。Böhme和Köpsell在2010年进行的一项人机交互研究表明，超过50%的用户不会阅读终端用户许可协议，他们会点击任何肯定按钮来继续他们的操作。如果你只是无意识地接受cookie弹出窗口，对自己的隐私并不十分关心（你应该十分关心），那还没什么，但如果你在新年那天醒来，发现前一天晚上回家的15分钟车程被收取了350美元，那问题就严重了。

在共享乘车应用程序优步（Uber）在程序中显示价格上涨的消息之前，大多数人都会无意识地接受比原车费高出许多倍的价格。优步之前无阻碍的体验导致客户极为恼火，并被美国商业改进局评为F级（最低）。

为了应对这种情况，优步故意制造了一些阻碍，例如，如果当前的激增价格是正常票价的3.25倍，用户必须手动输入“325”才能确认。这种强迫用户手动同意的专利方法，让人们高度意识到他们实际上同意了什么，并大大提高了客户满意度。

是的，不必要的阻碍体验是不好的（见原则13）。但有时体验中的一点阻碍也是好事。既然我们设计的每件东西都会对社会和人们的生活产生切实的影响，那么设计师个人就有责任不利用人们的惰性，坚持安全标准。无论这是意味着让人们摆脱自动驾驶模式、防止他们做出意外决定或错误、在游戏中创造引人入胜的挑战，还是增强安全性，设置阻碍都能帮助人们停下来，做出更深思熟虑的决定。

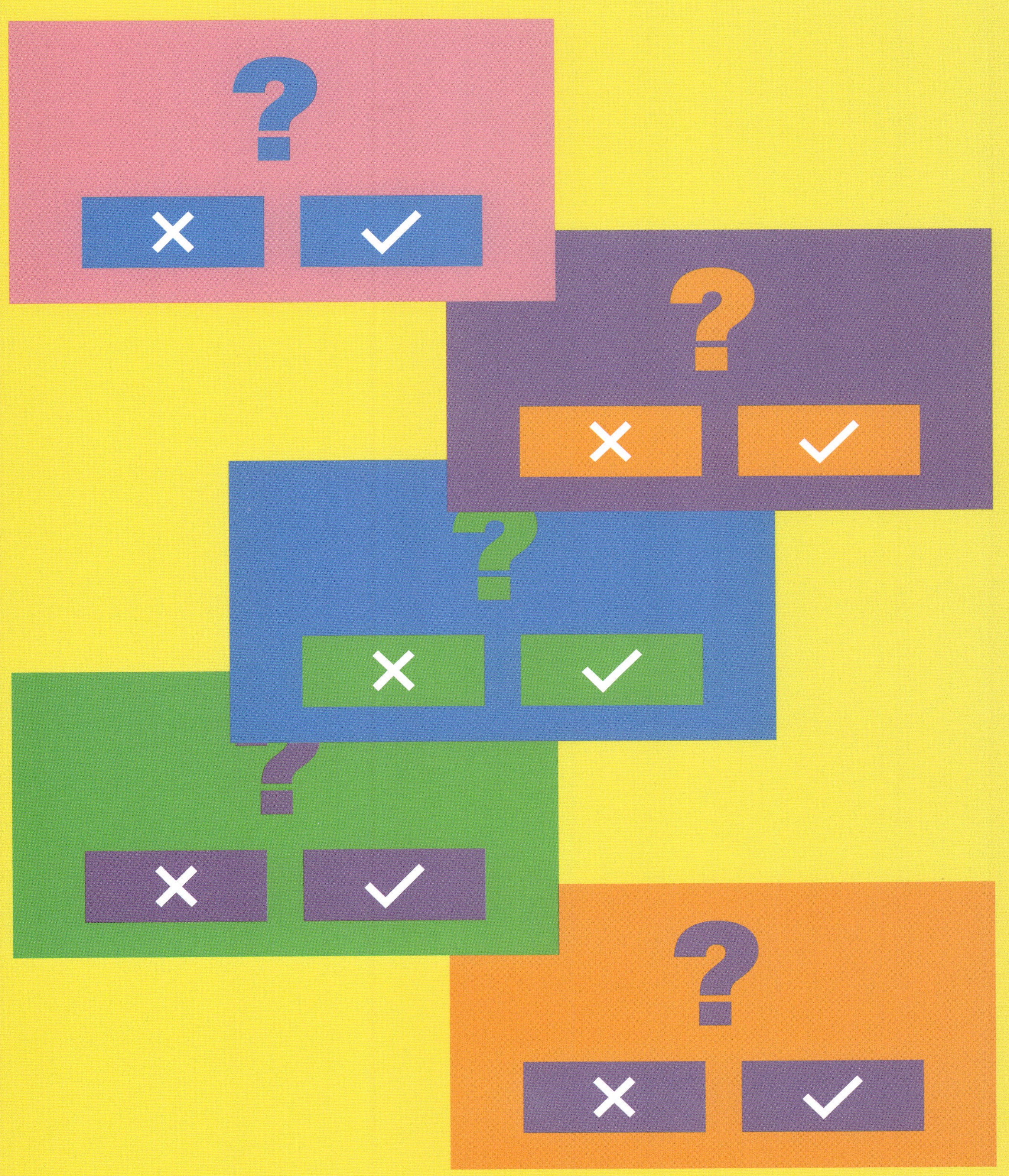

15

第一印象很重要。

给人留下深刻印象是在眨眼之间，或者说是在10秒钟之内。根据刘超、赖安·怀特和苏珊·杜迈斯在微软所做的研究，我们知道，如果用户在10秒钟内没有看到或理解网页的价值，他们就会离开。这是因为用户知道，他们可以很容易地在其他地方找到他们需要的东西。10秒钟是我们给用户留下第一印象并说服他们留下来的全部时间。

那么，什么是良好的第一印象呢？出人意料的是，这与内容无关，而是与设计相关。人们往往不信任设计拙劣的数字产品。如果人们第一眼就不喜欢产品的布局、排版、图像和配色方案，那么他们就不会关心产品的内容，也几乎不会进一步探索（见原则8）。因此，第一印象极其重要。但是，要想知道我们的注意力应该集中在哪里，我们首先需要了解大多数访客是从哪里开始他们的体验的。

当英国艺术家香特尔·马丁向我们提出需要一个新的品牌设计和网站时，我们花了很多时间讨论如何才能最好地在网上展示她的作品。通过对她目前网站的分析，我们了解到最多的人是从她的主页开始浏览她的网站的，因此我们把大部分注意力都放在了那里。为了让人们停下脚步，我们认为她的主页不是主页，而是电影海报，或者是一本书的封面，或者是包装。这些都是为了吸引眼球而特意设计的。

我们选择了一种极为大胆的字体，与她的艺术作品的短暂性和手绘性形成鲜明对比，并以她躺在作品上的超大图片作为引导。由于她的艺术作品经常邀请观众参与，因此我们使用了互动功能，让观众可以像在现实生活中一样与她的作品互动。人们非常喜欢，最终在她的主页上花费了非常多的时间。

好的设计不仅能让人们信任你，还能让他们愿意留下来。我们都知道，给人留下第一印象的时间只有10秒钟，所以这10秒钟很重要。因此，在开门之前，让我们确保自己的屋子整洁有序，穿上最好的衣服，牙齿之间没有任何杂物，微笑迎客。

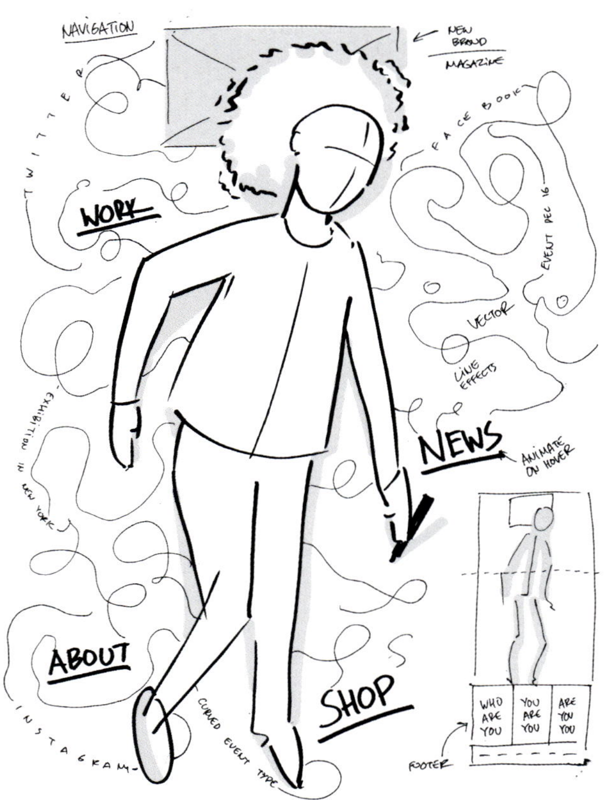

→
在为香特尔·马丁的新品牌和网站进行概念设计的初期，我们提出了“作品体”的概念，即用她的身体来代表互动模式。她躺在作品上的照片的灵感来自安妮·莱博维茨为凯斯·哈林拍摄的引人注目的肖像，照片中的凯斯·哈林连同他所在的房间都被他的作品所覆盖。

16

用户体验设计不是永恒的。

德国工业设计师迪特尔·拉姆斯因将博朗公司的产品系列提升到令人垂涎和鼓舞人心的高度而闻名（甚至有人说苹果公司的乔纳森·艾维在设计第一代iPod时可能有点过于照搬拉姆斯的设计），他在20世纪70年代提出了经常被引用的“优秀设计十项原则”。拉姆斯认为，好的设计应该具备以下特征。

· 具有创新性
· 使产品有用
· 美观
· 使产品易于理解
· 不显眼
· 诚实
· 经久耐用
· 注重细节
· 环保
· 尽可能少的设计

就工业设计、建筑设计甚至平面设计而言，我赞同以上观点。但说到用户体验设计，这里有一条并不适用，好的用户体验设计并不持久。这个领域和实践本身是持久的，但就界面而言，确实不存在永恒的设计。

为什么？因为我们与电脑的交互方式在很大程度上取决于当时的软件和硬件技术。就拿鼠标这么简单的东西来说吧，虽然它最早是由道格拉斯·恩格尔巴特在20世纪60年代初发明的，但直到1984年才投入商业使用。再比如触摸屏，它由埃里克·约翰逊于1965年发明，但直到2000年代才被广泛接受。

这还只是硬件。编程语言和浏览器技术也在不断发展。如果我们在20年前把像汉堡一样的菜单图标（移动设备上打开导航的由三条直线组成的小图标）放在一个人面前，他们可能不知道该怎么用（见第82条原则）。

随着技术的不断发展，一般界面的最长保质期约为20年，而随着技术进步的逐年加快，这个数字正变得越来越短。界面永远是时代的产物，但好在我们人类也在不断进化。每当有新事物出现时，我们都会去学习和适应，从而为我们与计算机的交互方式带来更大的进步空间。因此，我们并不需要用户体验是永恒的。

17

没有什么是永恒的。

在我和安东过去15年合作的100多个客户项目中，我们可以很容易地将它们分为两类：一类仍然是我们设计时的样子（松了一口气），另一类则完全变了样（RIP）。这与设计的永恒性、技术的发展或作品的质量无关。这与客户方的负责人以及他们的离职率有多高有关。

大多数数字原生产品仍为创始人所有（Craigslist、Google/Alphabet、Facebook/Meta 和 Spotify，仅举几例），他们往往看重长久性而非流行性。他们知道，频繁的改变会让用户紧张不安，生怕一不小心就做错了什么，而他们最不想做的就是疏远现有的用户群。尽管公司内部有数以百计的设计师（见原则85），但他们很少对设计进行修改，界面年复一年都大致相同。

当我们为那些产品并非数字原生的客户工作时，情况则恰恰相反。设计变更非常频繁，而且往往由当时的负责人决定。这个人可能非常熟悉数字技术，也可能不太熟悉数字技术，他们可能认为自己不断修改界面是在帮用户的忙。又或者，他们根本不为用户着想。无论如何，每个新团队都想在产品上打上自己的烙印，引入自己的员工，重新设计一切。

就像民选官员总是在为赢得下一次选举而奋斗一样，数字设计的寿命也取决于委托方。如果客户方的人员不断变化（大多数美国人一份工作平均只干3年），那么设计保持不变的可能性就微乎其微了，哪怕只是5年。

一些项目之所以还能完全按照我们的设计进行，唯一的原因就是它们得到了当初发起这项工作的领导团队的精心守护。但我们知道，一旦他们离开，新的团队上任，我们就必须做好准备，为我们的工作祈祷，还有道别。没关系，我已经习惯了。我曾经把过去的项目当成我的宝贝，但现在我更把他们当成我的前夫。

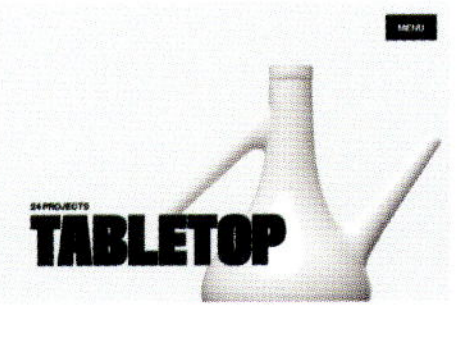

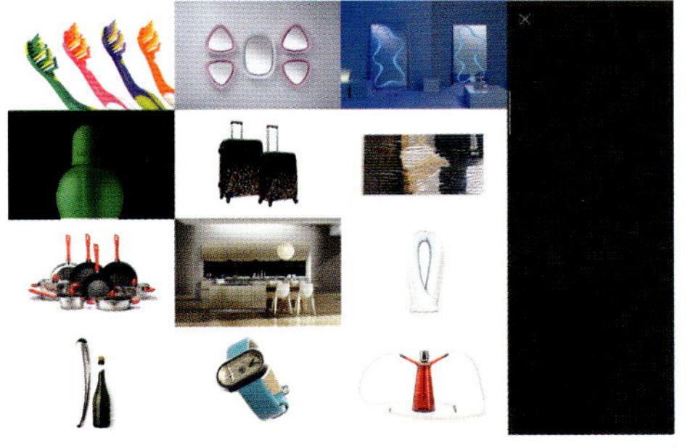

↑
设计师卡里姆·拉希德的网站是我们存在时间最长的项目之一。截至本文撰写之时，该网站已经上线9年多，没有任何变化。这是因为卡里姆·拉希德是这项工作的委托人，而且他显然仍在掌管他的同名工作室。

我们可以设计有
助他人，也可以
胁迫他人以谋取

意义的体验来帮
选择故意误导和
私利。

18

无障碍先行。

用户体验中的无障碍性是指与产品有不同交互方式的人使用产品时的可用性。这可能是指盲人、色盲者、行动不便者、听力障碍者或学习困难者，但也包括睡眠不足、醉酒、抱着婴儿同时拿着手机的人，或需要戴眼镜阅读的人。

无障碍环境对某些人来说是必不可少的，但对我们所有人来说都是有用的。如果事先考虑到无障碍性并正确实施，那么最终所有人都会受益。请看这些例子：

· 视频上的隐藏式字幕对于聋哑人来说是必不可少的，对于在公共场合观看视频的人来说也很有帮助
· 提高对比度对视障人士至关重要，对在刺眼阳光下使用手机的人也很有帮助
· 简化语言对于有学习障碍的人来说至关重要，对于不同语种的人来说也很有帮助
· 纯键盘导航对有运动障碍的人至关重要，对鼠标坏了的人也很有帮助

这样的例子不胜枚举。既然每个人都能从中受益，你会认为所有数字产品的设计都是无障碍的，对吗？错了。WebAIM在2020年的一份报告中指出，在广泛使用的网站中，只有2%符合无障碍标准。由于没有任何法规强制私营公司确保其产品的无障碍性，因此这往往甚至不是一个考虑因素。

但希望还是有的。自1998年以来，由于《美国残疾人法案》（ADA）的出台，美国政府网站必须确保其所有数字内容都符合第508条的无障碍要求。为推动这一进程，万维网联盟（W3C）提供免费工具，协助设计人员如何开发无障碍产品，并检查验证产品是否无障碍。

欧洲甚至更进一步。《欧洲无障碍法案》将是第一部专门适用于欧洲私营部门的标准化指令。该法案将于2025年生效，适用于所有10人以上或年度资产负债表超过200万欧元的私营公司。

然而，使产品使用无障碍并非只是设计师的责任。例如，确保网站文案能被视障人士大声朗读，是通过代码而非设计来实现的。开发人员需要确保他们选择的所有代码、标记和库都能实现无障碍设计，而用户体验设计师则需要让客户了解无障碍设计的好处，并为其实施进行游说（见原则65）。我们在设计时越多考虑无障碍性，对每个人来说效果就越好。

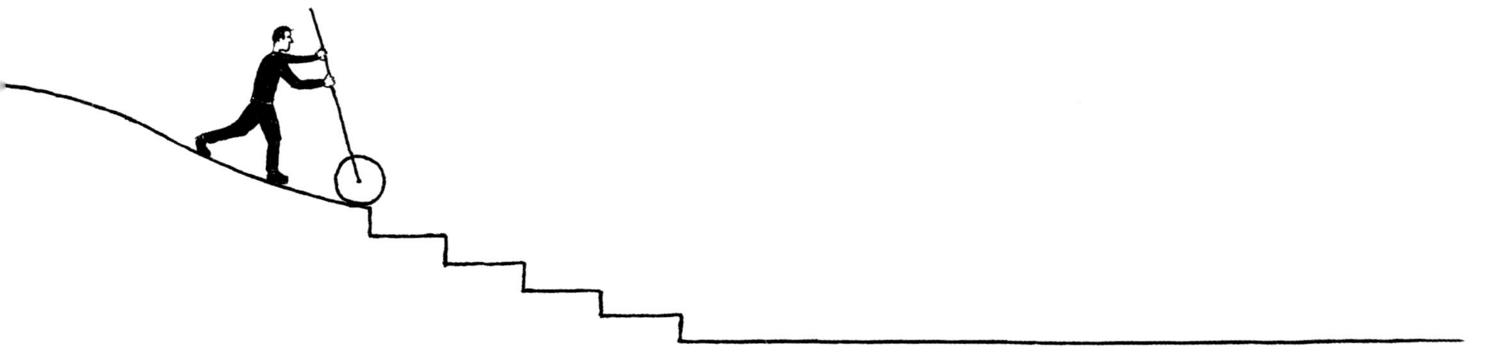

19

考虑数字技术素养的差异。

不会读写几乎不可能在社会上取得成功。但在当今世界，几乎所有的事情，包括银行业务、预约疫苗接种和纳税，都是通过数字技术实现的。因此，数字技术素养已经超越了理解文字的基本能力，现在，应具备的数字技术素养包括能够评估、使用和创建多种不同的数字信息、内容和工具所必需的技能和知识。

2001年，教育顾问马克·普伦斯基（Marc Prensky）推广了“数字原住民”和“数字移民”这两个术语。一般来说，数字移民是在非数字、前互联网文化中成长起来的，而数字原住民则是在世界完全数字化之后出生的（千禧一代被认为是数字原住民中最年长的一代）。然而，数字技术素养并没有严格的代际划分，几乎从未接触过互联网的任何年龄段的人也被视为数字移民。

那么，这对我们设计产品的方式有什么影响呢？通常情况下，当我们设计供不同数字素养水平的人使用的界面时（例如，为医院管理人员设计的界面或为博物馆设计的网站），我们需要确保界面的设计无论用户的数字技术素养高低都能轻松使用。这意味着首先要为数字技术素养水平最低的人进行设计。

宗旨应该是最大程度地减少潜在的恐惧或困惑。这就需要确保互动设计和语言易于理解且与上下文相适应，人们能够按照自己的节奏进行，设计团队也要付出额外的努力，确保在整个体验过程中提供足够的帮助和指导信息。

显示类别之间关系的记忆辅助工具（如颜色编码）和提供入门级使用的灵活学习途径，也能以支架式的方式向用户传授界面中更复杂的部分。如果我们知道负责输入数据的是数字技术素养较低的人，那么系统本身的设计就可以确保控制质量。

如果我们知道数字素养较低的人也会使用我们的工具，那么我们就应该遵循这些准则，这将使他们在与一般技术互动时更加得心应手。随着他们使用更多的应用程序和服务，他们的技能将得到提高，自信心也会增强，从而更容易融入当今的数字世界。

20

格外关爱老年人。

老年人在使用数码产品时会遇到的很多困难，这与他们较晚才接触到新技术有关——他们是数码移民（见原则19）。这使得一些老年人在第一次接触新的数码产品时缺乏安全感。

在重新设计大都会博物馆网站时，我们知道很大一部分受众年龄在65岁以上，因此我们必须格外小心，应考虑如何确保老年人能够自信地使用我们的界面。

一般来说，老年人需要更多的时间来吸收界面上的信息。在采取行动之前，他们往往会仔细查看屏幕上的所有元素，并从字面上理解说明性文案。重要的是，文案不能有任何模棱两可之处，购票等流程也要简单易懂，不能让他们感到匆忙。

除了去掉所有不必要的元素，把所有东西都放大之外，我们还决定尽量减少整个界面使用的图标数量。对于不常上网的人来说，图标并不像你想象的那样通俗易懂（见原则82）。而清晰的标签则可以让每个人都理解。因此，我们决定采用以文字为主导的设计系统。

我们还游说不要强迫人们创建账户，因为对于一些老年人来说，输入密码可能会造成轻微的恐慌。我们确保所有人（不仅仅是老年人）都能与大都会的所有内容进行互动，包括购票或捐款，而无须创建账户。

虽然伴随着数字技术成长起来的后代在年过65岁之后可能不会再面临这些完全相同的挑战，但这些考虑因素并不是今天的老年人所独有的。如果我们设计的产品能让老年人放心使用，那么其他数字移民也会觉得互动起来会容易得多。

→
在电脑、手机和平板电脑上显示的大都会博物馆网站的主屏幕是一个设计大胆且型号超大的用户界面，该界面经过专门设计，尽可能方便所有人群使用，尤其是老年人。

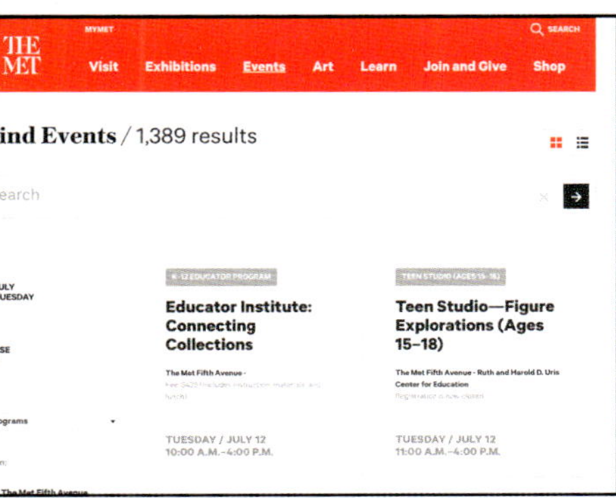

THE MET
Visit
Exhibitions
Events
Art
Learn
Join and Give
Shop
ind Events / 1,389 results
Educator Institute: Connecting Collections
Teen Studio—Figure Explorations (Ages 15–18)
TUESDAY / JULY 12
10:00 A.M.–4:00 P.M.
TUESDAY / JULY 12
11:00 A.M.–4:00 P.M.

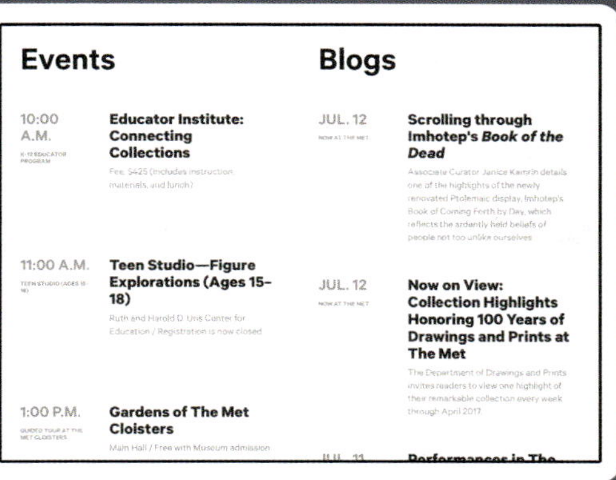

Events
Blogs
10:00 A.M.
Educator Institute: Connecting Collections
JUL. 12
Scrolling through Imhotep's Book of the Dead
11:00 A.M.
Teen Studio—Figure Explorations (Ages 15–18)
JUL. 12
Now on View: Collection Highlights Honoring 100 Years of Drawings and Prints at The Met
1:00 P.M.
Gardens of The Met Cloisters

THE MET
Visit
Exhibitions
Events
Art
Learn
Join and Give
Shop
The Met Fifth Avenue
The Met Breuer
The Met Cloisters
Audio Guide
Group Visits
Buy Tickets
The Met Breuer
The Metropolitan Museum of Art's modern and contemporary art program includes a new series of exhibitions, performances, artist commissions, residencies, and educational initiatives in the landmark building designed by Marcel Breuer [BROY-er] on Madison Avenue and 75th Street. Now open to the public, The Met Breuer provides additional space for the public to explore the art of the 20th and 21st centuries through the global breadth and historical reach of The Met's unparalleled collection.

earn
Join and Give
Shop
Mastry

MANUS×MACHINA
Fashion in an Age of Technology
DESIGN FOR ETERNITY
ARCHITECTURAL MODELS FROM THE ANCIENT AMERICAS
The Roof Garden Commission
Cornelia Parker

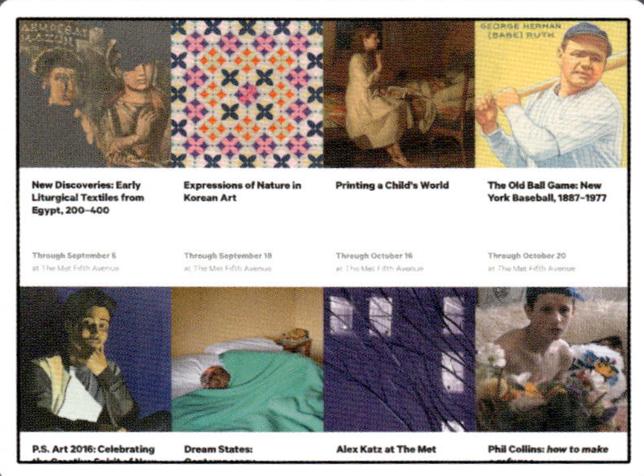

New Discoveries: Early Liturgical Textiles from Egypt, 200–400
Expressions of Nature in Korean Art
Printing a Child's World
The Old Ball Game: New York Baseball, 1887–1977
P.S. Art 2016: Celebrating
Dream States:
Alex Katz at The Met
Phil Collins: how to make

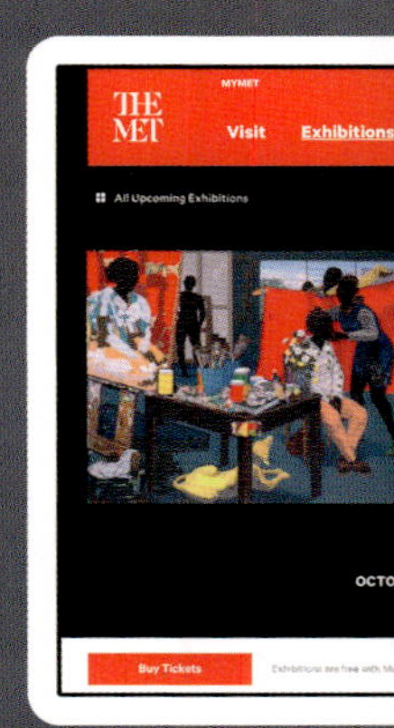

THE MET
Visit
Exhibitions
Buy Tickets

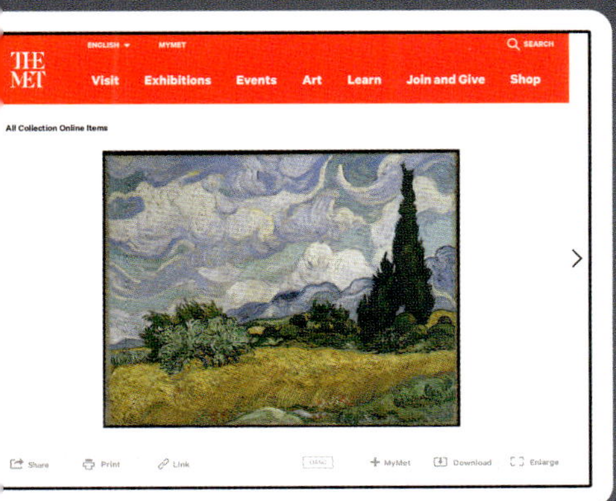

THE MET
Visit
Exhibitions
Events
Art
Learn
Join and Give
Shop
All Collection Online Items

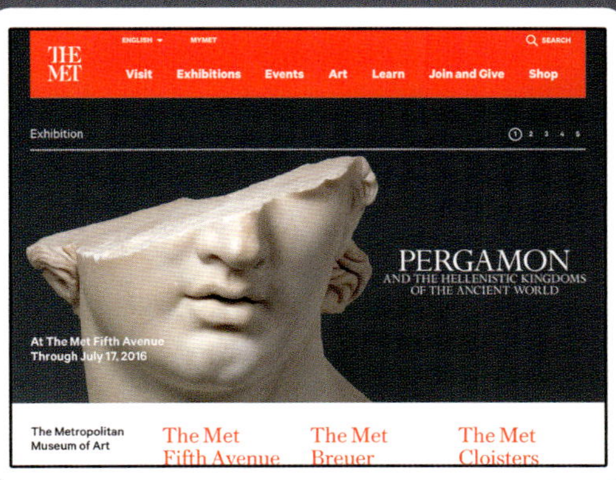

THE MET
Visit
Exhibitions
Events
Art
Learn
Join and Give
Shop
Exhibition
PERGAMON
AND THE HELLENISTIC KINGDOMS OF THE ANCIENT WORLD
At The Met Fifth Avenue
Through July 17, 2016
The Metropolitan Museum of Art
The Met Fifth Avenue
The Met Breuer
The Met Cloisters

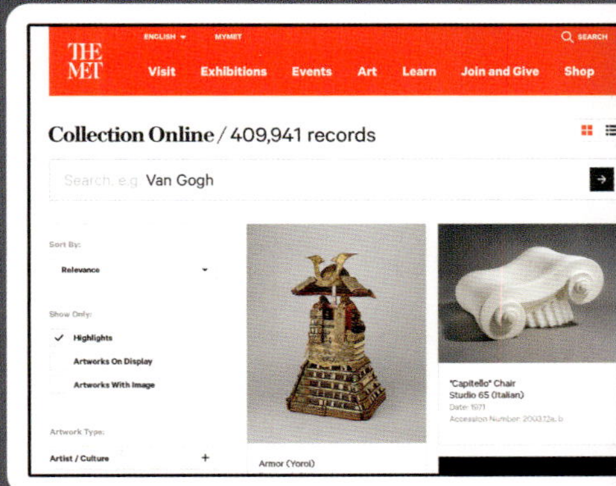

THE MET
Visit
Exhibitions
Events
Art
Learn
Join and Give
Shop
Collection Online / 409,941 records
Van Gogh

earn
Join and Give
Shop

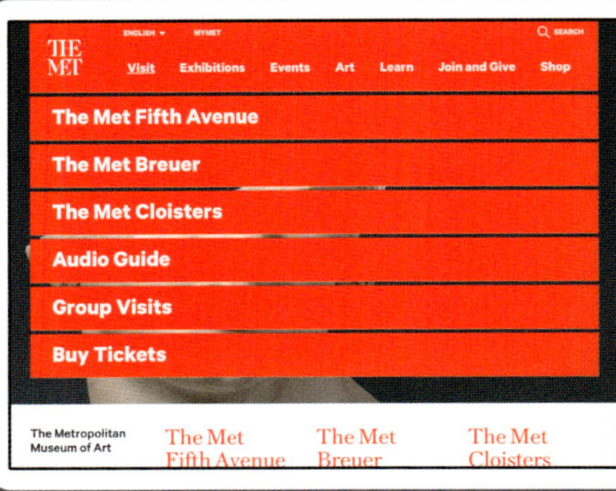

THE MET
Visit
Exhibitions
Events
Art
Learn
Join and Give
Shop
The Met Fifth Avenue
The Met Breuer
The Met Cloisters
Audio Guide
Group Visits
Buy Tickets
The Metropolitan Museum of Art
The Met Fifth Avenue
The Met Breuer
The Met Cloisters

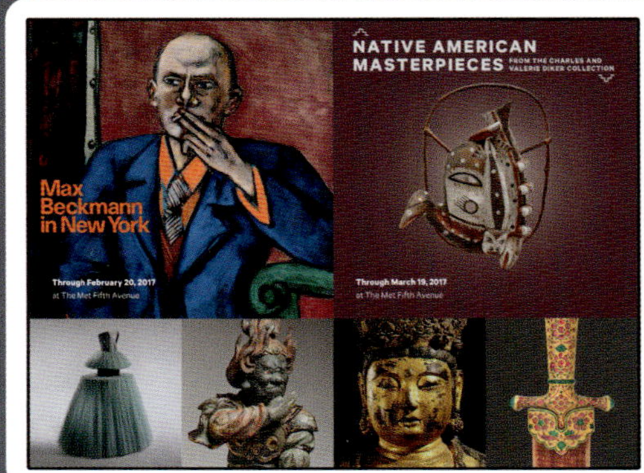

NATIVE AMERICAN MASTERPIECES
Max Beckmann in New York

MetMedia / 846 Videos
10 Videos
MetFridays Artists on Artworks

21

孩子们不是小大人。

当我们为儿童电视网尼克儿童频道（Nickelodeon）开发第一款iPad应用程序时，我们本能地意识到，对大多数人来说很好用的界面，对孩子们来说可能完全不起作用。这是我们第一次为儿童设计产品，我们不想简单地简化界面或在屏幕上贴上一些鲜艳的颜色和卡通人物就了事，这样会侮辱他们的智商。

在一次可用性研究中，我们给孩子们发放了iPad，以便观察他们发现内容的过程。成人在寻找信息时往往会沿着主路走，而我们发现孩子们其实喜欢尝试许多不同的选项。有一个孩子在YouTube的搜索栏里随意输入字母，比如字母F，然后点击回车键。当被问及原因时，他回答说："我只是想看看会发生什么。"

成人很容易被归入25～45岁这样宽泛的年龄段，而儿童则不同，他们的成长阶段不尽相同，因此为儿童确定合适的年龄段就显得尤为重要。Nickelodeon应用程序必须吸引6～11岁的儿童，这就使我们的应用程序或多或少地处于儿童发展心理学家让·皮亚杰所提出的"具体操作阶段"。这个阶段的目标是发展逻辑思维过程，了解事物的运作原理，因此我们从数字游戏、逻辑游戏、填字游戏和STEM玩具中寻找灵感。

我们着手设计了一个需要儿童花很大力气才能弄懂的界面。我们没有让它变得简单，而是故意让它变得困难（见原则46）。为了准确找到他们要找的内容，孩子们必须在这张巨大的假想桌子上滑动和平移，这张桌子上有所有的内容。如果他们关闭并再次打开应用程序，所有内容都会重新排列。因此，为了再次找到同样的东西，他们必须弄清系统的底层逻辑。为了增加探索的趣味性，我们在这里和那里添加了一些"请勿触摸"按钮，如果点击这些按钮，整个屏幕就会被Nickelodeon的绿色黏液覆盖。

当我们推出这款应用时，我们有点紧张。孩子们会接受吗？我们向所有成年人展示时，他们似乎都持怀疑态度。当它成为AppStore上下载次数最多的免费娱乐应用，并在一年后赢得艾美奖时（我们当时根本不知道应用还能赢得艾美奖），我们知道这场"赌博"得到了回报。孩子们喜欢它。通过了解到6～11岁儿童的互动方式是与我们成人的不同后，我们成功地创造了一种尊重童年精神的体验。

22

为可学习性而设计。

用户体验设计中的"可学习性"一词是指与新产品交互的难易程度，以及学习执行新任务所需的努力程度。它是可用性的一种表现形式，只不过在设计可学习性时，我们必须考虑到用户在与界面交互时，可能需要学习如何使用界面。当可学性较高时，用户无须任何培训或指导就能学会新的交互方式。

有些界面的学习曲线高于其他界面。预订平台或电子商务网站等标准网站的学习曲线并不高。但更复杂的电脑游戏或特定的技术应用软件只会让用户在以后的每次使用中都更加熟练。

每当我们设计一个需要高可学性的界面时，我们总会从电脑游戏中寻找灵感。游戏设计师非常善于传授复杂的知识，并在适当的时候给予适当的反馈，这样人们甚至不会真正意识到他们正在学习新的东西。

在制作互动纪录片《一间合租屋》（One Shared House）时，我们从早期的视频游戏中汲取了灵感，这些游戏将讲故事与互动结合在一起，比如《卡门·桑迪戈在哪里》。用户可以像观看互联网上的其他视频一样从头到尾观看影片，也可以点击屏幕下方出现的互动元素，了解影片中提到的特定主题的更多背景信息。

这是一种非常不常见的在线内容交互方式，因此我们考察了用户首次使用时的理解速度、每次重复访问时的改进速度以及完全理解后的易用性。

对于任何复杂的产品，或者任何引入新颖交互方式的产品，我们的目标都是尽量减少用户在成为老用户的过程中所需的努力（见原则19）。如果你所设计的产品是用户以前可能从未接触过的，那么如果一开始的可用性就不高，也不必惊慌。你要担心的是如何设计一个系统，让用户在与之互动的过程中潜移默化地学习它。

→
我们自制的互动纪录片《一间合租屋》的主要画面，该纪录片讲述了我在阿姆斯特丹市中心一栋公共房屋中的成长经历。每个场景都有附加内容，用户可以通过点击影片中出现的一些背景问题进行探索，观众也可以选择按顺序观看纪录片。

what is co-living?
pause mute

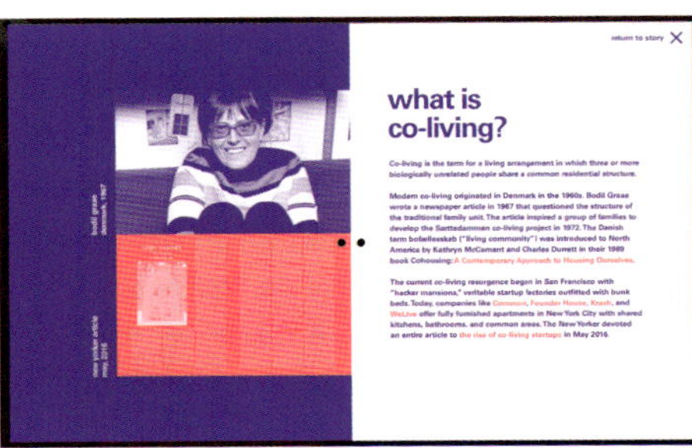
what is
co-living?

my mom
/25 years later
why a communal house?

why a
communal house?

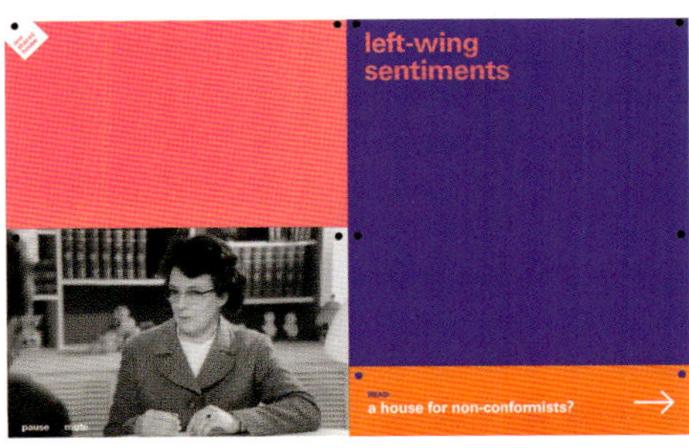
left-wing
sentiments
a house for non-conformists?

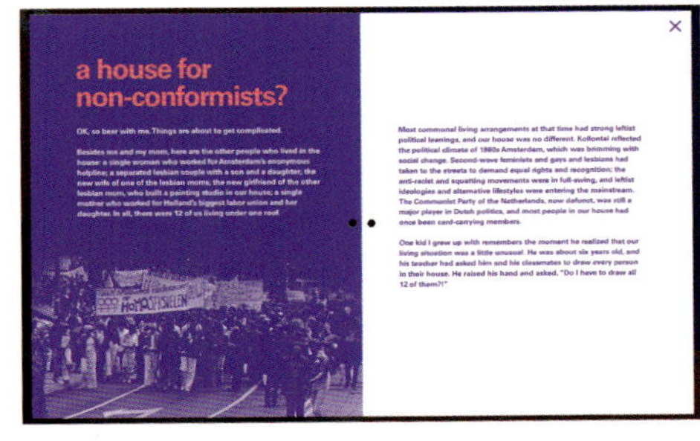
a house for
non-conformists?

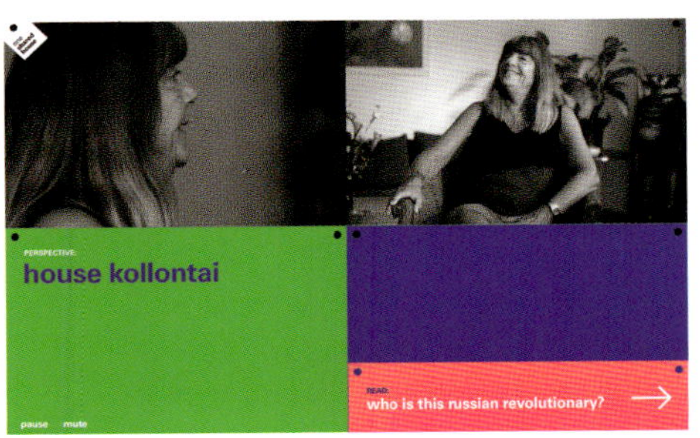
house kollontai
who is this russian revolutionary?

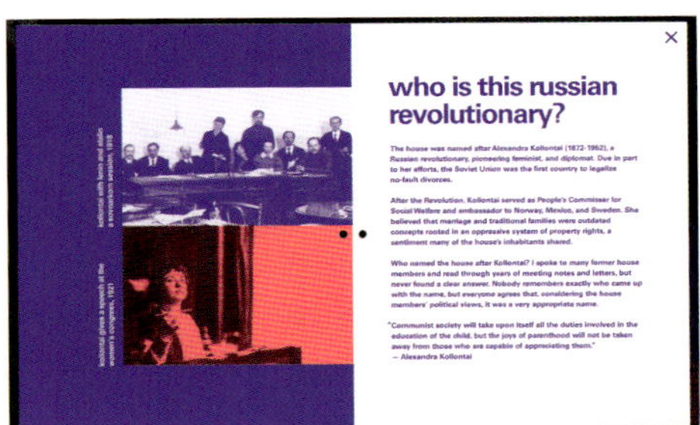
who is this russian
revolutionary?

who built alexandra kollontai?

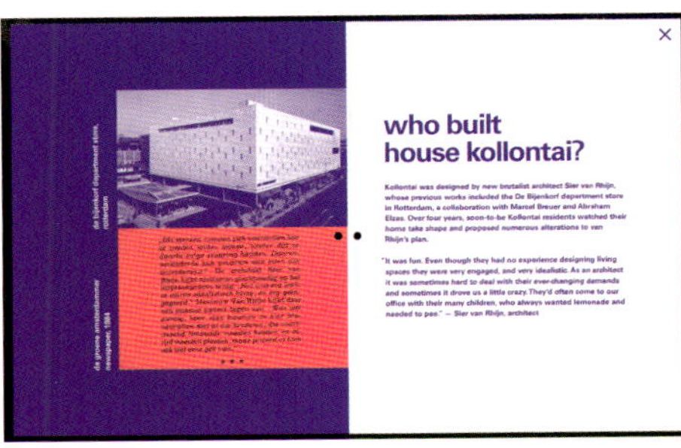
who built
house kollontai?

— I really wanted to
live in a group.
what else did they share?

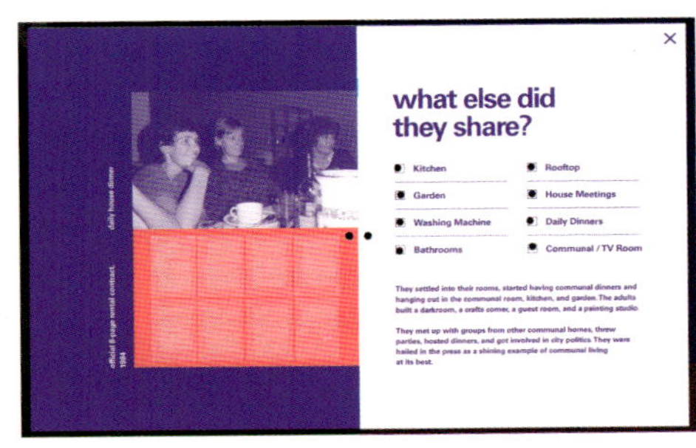
what else did
they share?

a couple of things did
change over time
what else did they share?

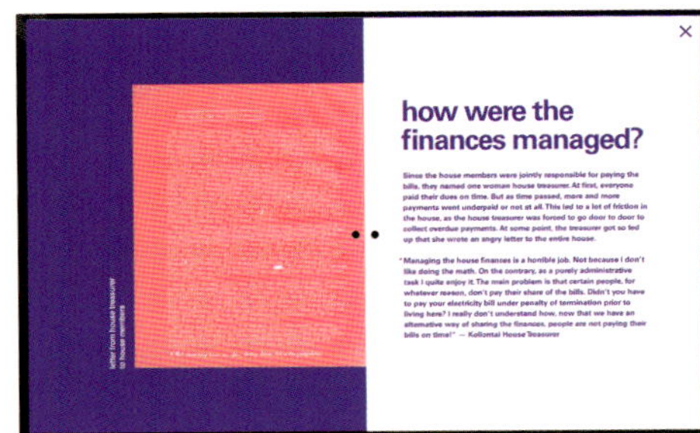
how were the
finances managed?

23

不要只为新手设计。

在讨论界面设计的早期阶段，我们往往会把重点放在首次访问者身上。我们会设计一个易于理解和快速使用的欢迎体验，并创建一个登录引导页面，帮助人们熟悉界面（见原则15）。但这只是工作的一半。

如果用户频繁执行返回操作，该怎么办？或者是使用产品的专家，对界面的各个角落了如指掌？这类用户不需要我们的帮助。他们需要更快的速度和更强的控制能力来完成更复杂的任务。

这类用户被称为高级用户，几乎每种产品都存在这样的用户。但是，只有经常使用的功能或需要更强控制力的操作才需要更为高级的用户设计。为了明确所需的附加功能，必须了解高级用户的不同之处，以及他们如何使用界面来执行更复杂的任务。

也许是为了提高速度，我们需要考虑键盘快捷方式。或者，他们需要批量执行任务，我们需要创建宏。或者，他们需要配置更复杂的设置，我们需要提供高级控制面板。不管是哪种情况，只要产品每天都有人使用，他们就会需要更多的高级功能，而这些功能的设计都要考虑到频繁使用的情况。

每当我们为客户创建内容管理系统（一种允许客户创建、编辑和发布内容的内部工具）时，我们都必须确保界面既能满足新手编辑的需求（他们可能只会偶尔使用基本功能上传或更改内容），又能满足日常高级用户的需求（他们需要经常一次批量上传多个更改内容或安排在特定时间更新内容）。

几乎所有产品都需要“新手”和“专家”模式，但重要的是要记住，高级用户功能应始终是使用界面的另一种方式，而不是主要方式。默认情况下，高级功能应该被隐藏起来，容易被忽略。但在需要时，它们也应该很容易被找到。

→
我们为音乐流媒体服务提供商Spotify设计的CMS（内容管理系统）允许Spotify内部的一组特定人员在Spotify网站上发布内容，而无须任何设计师或开发人员的参与。他们可以创建渐变的标题效果，通过使用格式化文本、图片、图库、视频、引文和下载内容，以及嵌入式代码、小工具和Spotify音乐播放器，以任何想要的顺序增加内容。

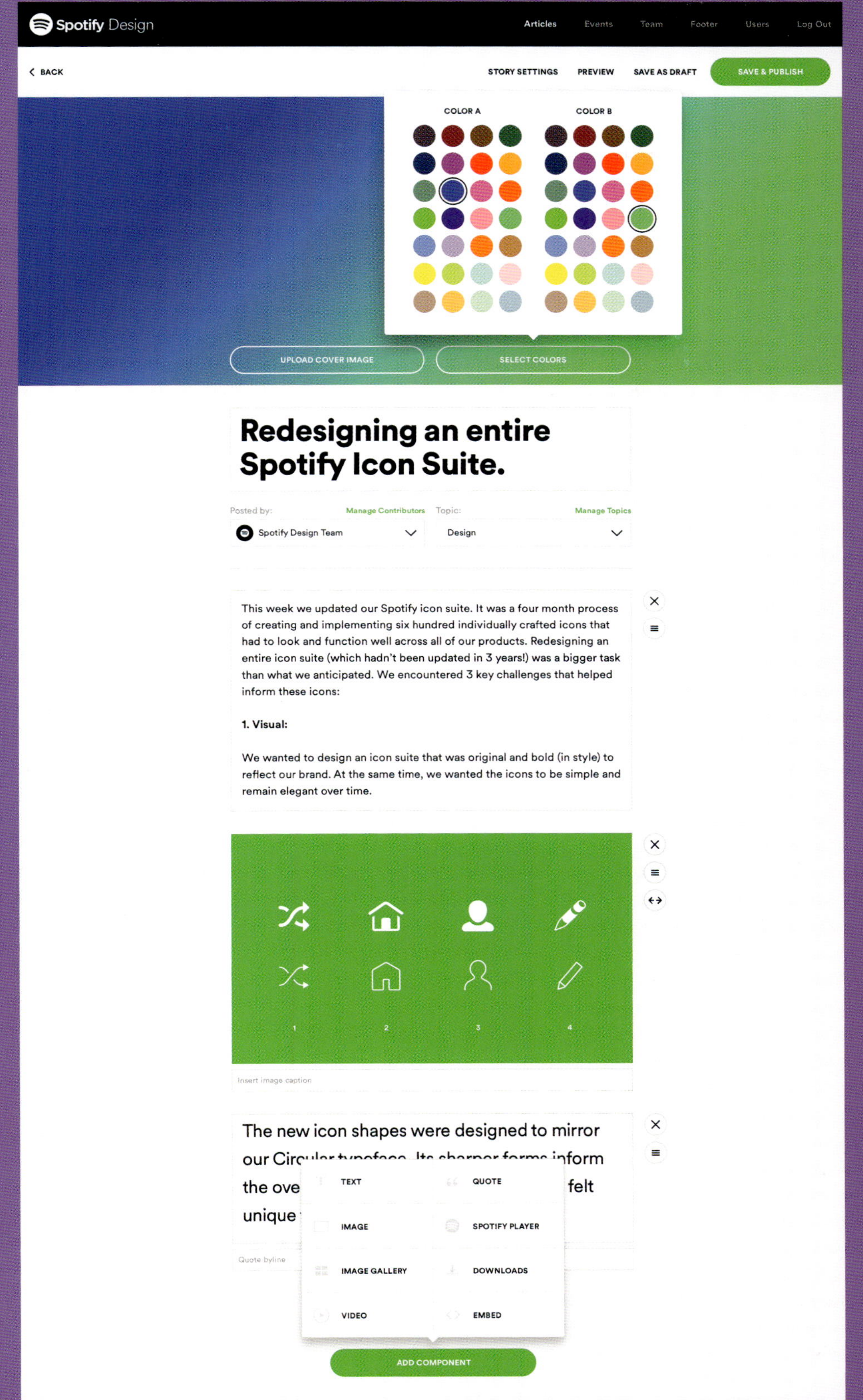
Spotify Design
Articles
Events
Team
Footer
Users
Log Out
BACK
STORY SETTINGS
PREVIEW
SAVE AS DRAFT
SAVE & PUBLISH
COLOR A
COLOR B
UPLOAD COVER IMAGE
SELECT COLORS
Redesigning an entire Spotify Icon Suite.
Posted by:
Manage Contributors
Topic:
Manage Topics
Spotify Design Team
Design
This week we updated our Spotify icon suite. It was a four month process of creating and implementing six hundred individually crafted icons that had to look and function well across all of our products. Redesigning an entire icon suite (which hadn't been updated in 3 years!) was a bigger task than what we anticipated. We encountered 3 key challenges that helped inform these icons:
1. Visual:
We wanted to design an icon suite that was original and bold (in style) to reflect our brand. At the same time, we wanted the icons to be simple and remain elegant over time.
1
2
3
4
Insert image caption
The new icon shapes were designed to mirror
TEXT
QUOTE
IMAGE
SPOTIFY PLAYER
IMAGE GALLERY
DOWNLOADS
VIDEO
EMBED
Quote byline
ADD COMPONENT

24

让选择更简单。

我第一次走进佐治亚州亚特兰大市的一家超市时，感觉整个人都瘫了。作为荷兰人，我不习惯看到麦片、果酱、奶酪或卫生纸的选择如此之多。我至少花了一个小时的时间来琢磨该买什么奶酪。选择是好事，但过多的选择会给我们带来压力，延长我们的决策过程。

这种心理现象被称为希克定律，得名于心理学家威廉·埃德蒙·希克和雷·海曼在20世纪50年代早期围绕选择所做的实验。它适用于那些决定实际上并不那么重要的情况（比如我选择了正确的奶酪），但不适用于那些会带来更严重后果的决定（比如在大学或工作机会之间做出选择）。换句话说，有很多选择时，对无足轻重的事情做选择比在重要的事情上做选择更有压力。

在设计界面时，最重要的是不要用一堆不重要的选项来淹没用户，而要只向他们提供重要的选择。

几年前，音乐流媒体服务提供商Spotify请我们帮忙创建一个内部研究工具的界面。他们花了3年时间，围绕人们为何、如何以及何时一起听音乐，收集了有令人难以置信的深度的、可操作的见解，但令他们沮丧的是，没有人利用这些见解。这并不奇怪。他们把所有的研究都放在了令人难以置信的电子表格中，这些电子表格密不透风，谁打开谁就会立即后悔。

为了以最快捷的方式向正确的人提供正确的、有深度的研究，我们逐行检查了所有电子表格。我们对所有研究进行了分类和整理，使新界面只需要四个问题就能获取相关信息。过去需要数小时才能完成的流程（如果有人坚持完成的话），现在只需10秒或更短（见原则15），从而使更多人访问并利用Spotify中的研究。

希克定律在用户体验设计中极为重要。最糟糕的数字产品普遍存在着选择和选项过多的问题。在设计界面时，重要的是要创建一个系统，让它能完成大部分繁重的工作，并巧妙地为用户剔除掉无关紧要或不重要的选项。用户体验设计师负责组织内容，让用户只看到真正重要的选择。

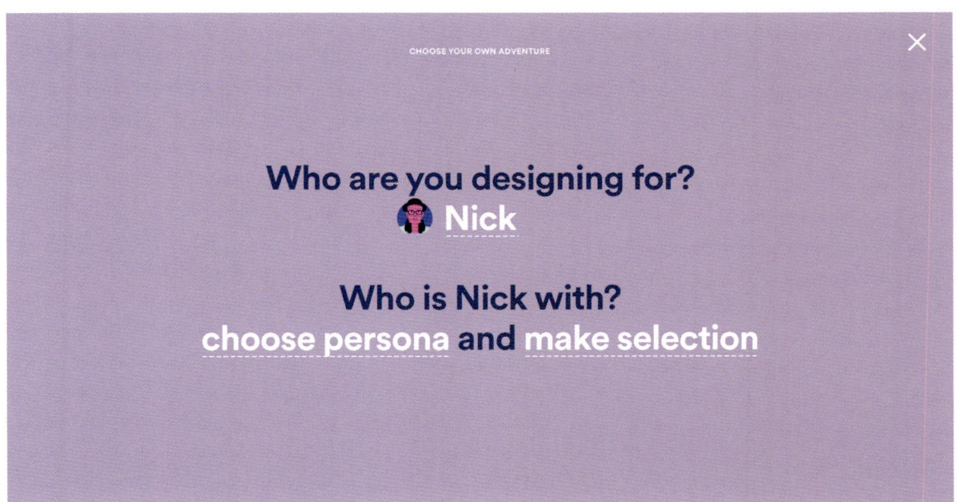

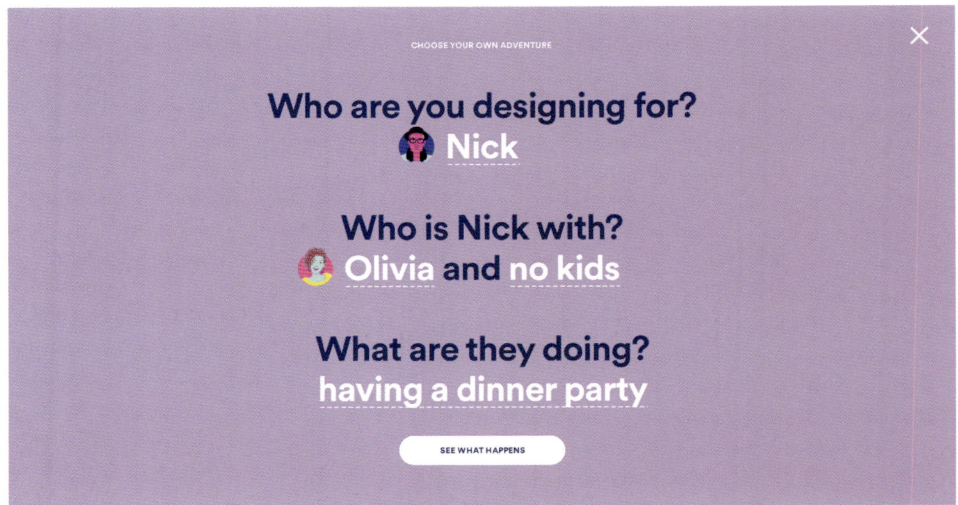

→
我们为Spotify设计的互动研究工具旨在展示Spotify对人们共同聆听音乐的偏好进行的研究，我们为该工具设计了一个界面，使Spotify的员工能够通过对话语言快速筛选所有数据。在10秒钟或更短的时间内，人们就能获得可操作的见解，并将其应用到产品定义或设计过程中。

25

多元化的团队能创造出更好的解决方案。

设计由白人主导。确切地说，76%的网络设计人员是白人，其中58%是男性。这显然不能代表我们的社会，并导致偏见问题。

当苹果公司的语音助手Siri在2011年首次面世时，我记得当时我在想，让一个听话的、温良忍让的、顺从的私人助理以女性身份出现，是多么地性别歧视。但是，人工智能领域只有22%的工作由女性担任，我猜想当时可能没有足够的女性声音来提供另一种观点。

另类视角是一种优势。根据社会科学家卢红和斯科特 · 佩吉的研究，与人员同质化的团队相比，有不同国籍、文化身份、种族、培训经历和专业知识人员的团队在解决复杂问题时能找到更好的解决方案。这是因为具有不同经验的人解决问题的方式不同，而这种多样性的方式要优于同质群体解决问题的方式。

多元化的团队也更盈利。麦肯锡2015年对366家上市公司的调查报告发现，在种族和民族多样性方面排名前1/4的公司，其财务回报高于各自国家同行业中位数的可能性要高出35%。全国行业中位数，这可是一大笔钱。

但最重要的是，当一个多元化的群体聚集在一起时，他们更有可能质疑自己的假设，考虑不同类型的人的需求和愿望，挑战他们认为的“正常”或“标准”，更不可能进行性别编码或定型。换句话说，他们更有可能减少偏见。

我们为什么要关心团队多元化的问题？因为历史告诉我们，今天可以接受的东西，明天就可能变成不体贴、伤害或歧视。这就是为什么在我们周围要有与我们不同的人，并在整个设计过程中把不同类型的人的感受放在首位。

作为用户体验设计师，我们正在塑造数字世界的模样。让我们控制自己的偏见，质疑自己的假设。如果我们能确保我们向世界发布的东西更具代表性，并尊重我们共同的多样性，那么每个人都是赢家。

26

语境比屏幕尺寸更重要。

2007年，也就是iPhone和智能电视问世的那一年，诺基亚的文化人类学家扬·奇普切斯发布了一份研究报告，通过对不同文化和性别的统计，揭示了3种当今被认为是必不可少的物品：钥匙、钱和手机。这意味着设计手机界面不能再是事后考虑的事情了。

当我们在2012年为《今日美国》重新设计网站时，苹果公司推出了iPad，因此我们的设计系统必须在3种不同的屏幕尺寸和比例（台式机、手机和平板电脑）下工作。但屏幕尺寸只是成功的一半。我们必须考虑的最重要的事情是每种设备的独特使用环境。因为我们何时使用某些设备以及为什么使用这些设备远比屏幕尺寸更重要（见原则84）。

我们深入研究了网站的分析数据，并剖析了《今日美国》每种设备的访问流量，结果发现了一个清晰、可预测的模式。智能手机在早晚上下班时间占主导地位，台式机浏览器在标准工作时间的流量最大，而平板电脑在晚间的流量更大。

在移动设备上，我们更有可能在不同的应用程序之间切换，因此移动设备的页面设计需要支持“走走停停”式的使用。这就意味着标题要大，版面要短，对比度要足够强烈，以便在刺眼的阳光下也能看清。此外，由于我们必须考虑到单手使用的问题，拇指的伸展能力有限，因此我们将最常用的元素放在了界面的底部。

虽然平板电脑最初是作为移动设备使用的，但它更倾向于放在家里，主要用于娱乐和阅读长篇内容。因此，平板电脑上的长篇文章的字体和字号必须首先考虑到阅读的舒适性，页面设计必须在垂直和水平方向上都同样出色。

我们在设计任何东西之前，都需要考虑何时、何地、为何以及如何访问的问题，因为在为多种设备进行设计时，没有放之四海而皆准的解决方案。如果一个系统是根据使用环境而不是屏幕尺寸来设计的，那么它的界面大概率会更合适、更舒适。

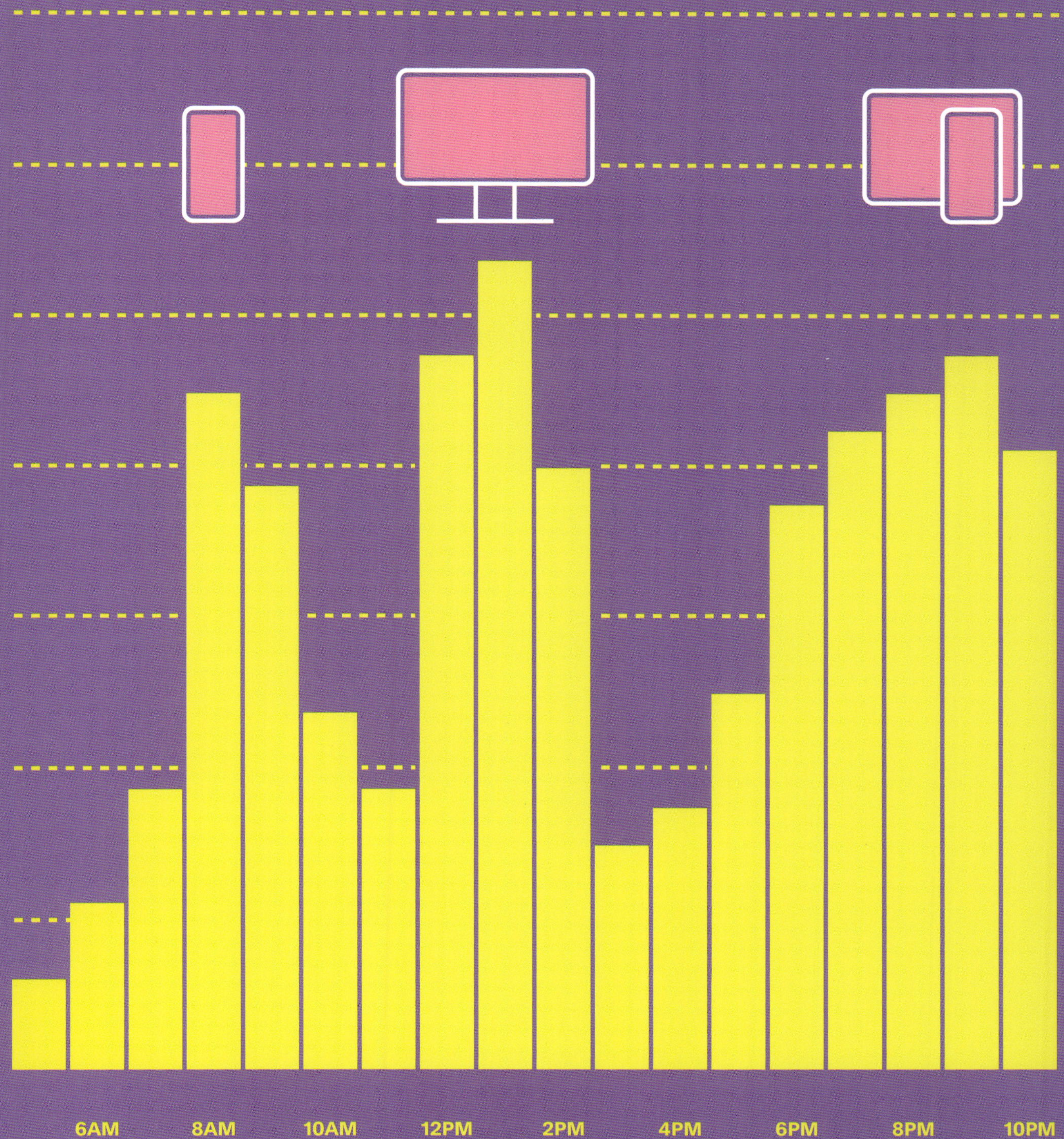
6AM
8AM
10AM
12PM
2PM
4PM
6PM
8PM
10PM

27

为笨拙的操作而设计。

你见过蹒跚学步的孩子与平板电脑互动吗？或者一只猫？当我在2012年把一台iPad（她的第一台家用电脑）送给我婴儿潮时期出生的母亲时，我对她能够如此直观地与iPad互动感到惊讶。即使是复杂的任务，比如将系统语言从英语改为荷兰语，她也能自己解决，无须我的任何参与。

在我职业生涯的早期，我曾在Fantasy Interactive公司工作过。公司的创始人总是告诉我们，要让我们所有的设计和互动感觉就像费雪玩具（超大型幼儿玩具）一样。他的意思是，我们应该借鉴幼儿玩具的有形性和高可用性，把所有东西都做得更大。如果越大，就越容易使用。

平板电脑如此直观的原因之一是，当我们为触摸进行设计时，我们必须确保每个按钮、菜单项或链接的可点击区域与正常人的指尖、键盘上的按键或遥控器上的按钮大小相当。而在为鼠标输入进行设计时，情况就不是这样了，鼠标输入的目标区域要小得多（见原则51）。

2003年，麻省理工学院对触觉力学进行的一项研究发现，人类指尖的平均长度在8～10毫米之间。在界面设计方面，苹果和安卓都建议触摸目标尺寸为7～10毫米，互动元素之间的间隔为5毫米，以确保人们不会不小心点错项目。

不过，这些只是建议。有人曾给我讲过这样一个故事，他们设计了一款移动应用程序，帮助电网维修人员记录问题。该应用程序具备所有必要的功能，但维修人员发现界面难以使用。设计者邀请修理工过来进行可用性测试，修理工一进门就发现了问题，这些修理工的手比一般人的手要大得多。

无论我们在设计什么，如果按钮更大、选项更少、默认对比度更高，我们就可以不费吹灰之力地满足更多用户的需求。我们可以确保儿童、老人、有运动障碍或视力障碍的人、猫，甚至是手掌特别大的电网维修工都能使用我们的产品。

↑
我们自创的x100是一款简单的iOS应用程序，可以让人们在锻炼过程中轻松记录自己的运动次数。由于我们希望确保人们能够专注于他们的锻炼，而且很可能会出汗，因此我们确保所有互动元素都尽可能大。

28

与现实世界匹配。

每当我们要为一个项目设计一个新界面时，我们总是首先考虑人们在现实世界中如何与之交互。这样人们才会感觉熟悉，并立即知道该怎么做。这也是为什么我们删除东西时会把它拖到垃圾桶，把文档归类到文件夹，使用手机上的指南针、手电筒、计算器和时钟时不需要任何说明。

在《今日美国》项目的概念设计阶段，我们没有从其他报纸网站寻找灵感，而是仔细研究了实际的报纸，并讨论了我们在阅读报纸时的行为方式。人们往往不会像看书那样从头到尾地阅读报纸。我们中的大多数人会浏览头版，寻找有趣的文章，然后深入到自己喜欢的版面。

例如，我总是从国际政治版面开始，然后转向科学版面，接着是艺术版面，然后（如果我当时没有把它放进回收站）我可能会阅读其他版面的更多文章。这就是为什么报纸是折叠式的，可以方便地取出你最喜欢的版面，而家里的其他人也可以很容易地取出他们最喜欢的版面。

USA TODAY
07.09.12
States restrict welfare buying
In the presidential campaign there are two Americas: One is seeing a flood of ads... the other is not.
It's the return of drive-in movies

USA TODAY MONEY
Starbucks rolling out pop with pep
Gas prices up 17 cents in biggest jump since 2000
VW hiring 800 at Tennessee Plant as auto industry thrives

USA TODAY SPORTS
Cortland, N.Y., readies for Tebowmania
Armstrong faces new allegations of doping
TALKING TIGER

USA TODAY LIFE
CRUISE ROCKS HIS ROLE
Sun rises again on vintage Sunset Strip

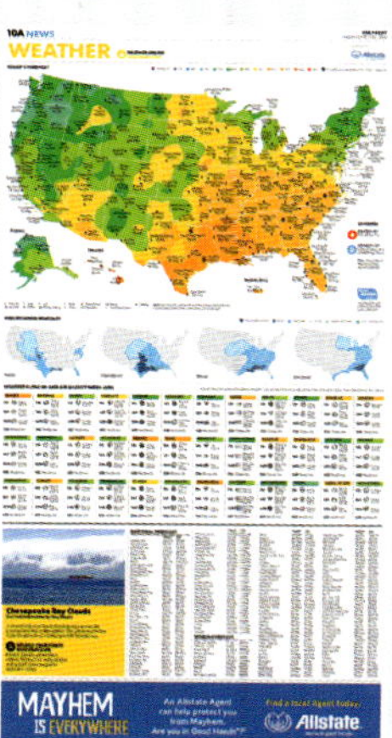
WEATHER

《今日美国》界面设计用颜色区别单个版面，还以大标题推动文章，并更加注重图像。除了保留所有这些设计元素外，我们还创建了一个交互模型，让用户更容易停留在自己喜欢的版面，就像阅读实体报纸一样。

我们设计的界面几乎都可以在现实世界中找到，而且我们已经对如何与之交互有了预期（见原则62）。与其在其他网站上寻找灵感，我们总是从模拟版本的设计中获得启发。因为如果我们为用户界面选择的交互模型和设计元素，与现实世界有某种相似之处，那么界面就会让人感觉熟悉，从而更有可能让人们立即明白如何使用它。

↓
左侧是由沃尔夫·奥林斯在2012年重新设计的《今日美国》实体报纸，右侧是我们同时设计的数字报纸的最终用户界面。

29

知道何时打破常规。

2000年，人机交互研究员雅各布·尼尔森指出，由于用户将大部分时间都花在了各种网站上，因此他们更希望网站能够与他们已经熟悉的所有其他网站一样运行。因此，尼尔森认为，作为设计者，我们有责任顺应人们的期望，使所有界面标准化，并始终遵循惯例。

不，谢谢。我不想生活在一个每个网站看起来都一样的世界里。自2000年雅各布·尼尔森首次提出这一观点以来，受众已经变得越来越复杂，有许多例子表明，打破界面惯例不仅有效，而且还能提高参与度。

2010年，桑达尔·皮查伊在升任Alphabet公司的首席执行官之前，担任谷歌Chrome浏览器团队负责人。我们与他的团队合作开发了“关于浏览器和网络我学到的20件事”互动体验。谷歌Chrome浏览器团队编写了20条“内容”，以帮助人们更好地理解一些核心网络概念，克里斯托夫·尼曼被选中创作插图。

我们不希望它看起来像一个标准的网站，而是希望文章看起来更重要，就像Google写的一篇论文。我们最终决定让界面看起来像一本书。有一个封面，打开封面就能看到书页，用户可以手动横向翻阅。它还可以在离线模式下工作，因此如果用户离开后再回来，就会有一个小书签显示他们上次离开的位置。

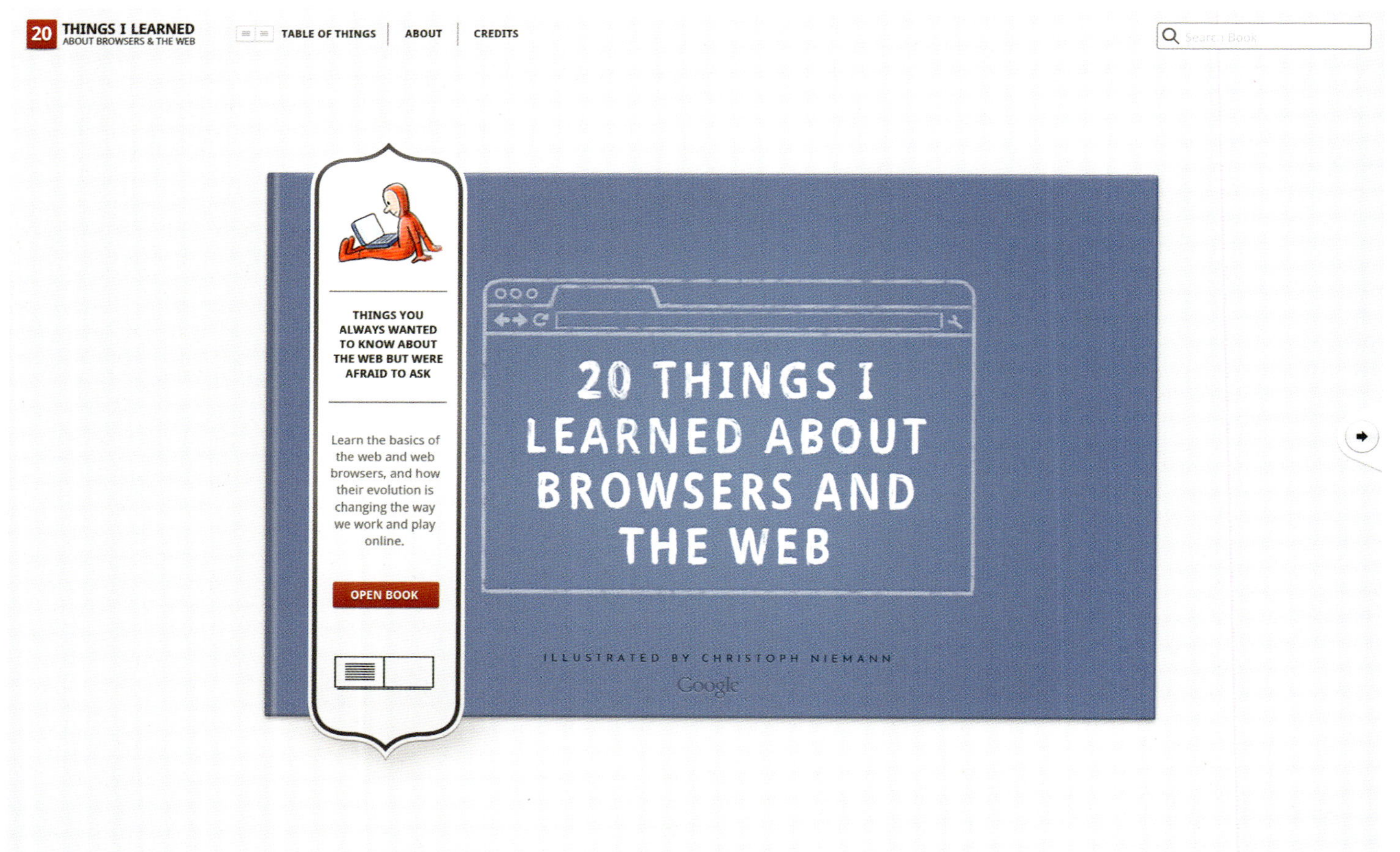

该项目取得了巨大成功，参与度远高于预期，用户体验和视觉设计还荣获了2012年威比奖。在当时，它看起来与其他网站毫无二致。它打破了所有常规。雅各布 · 尼尔森会恨死它的。

打破常规可能是件好事，但必须是深思熟虑的行为，绝不能在出于偶然或对常规无知的情况下进行。此外，还应始终将目标受众考虑在内。但是，如果我们确实能够创造出一些新的东西，而且使用起来非常直观，那么人们不仅会很容易与之互动，而且还可能会更容易记住它（见原则9）。

↓
2010年我们为谷歌设计的“关于浏览器和网络我学到的20件事”互动体验的主屏幕。

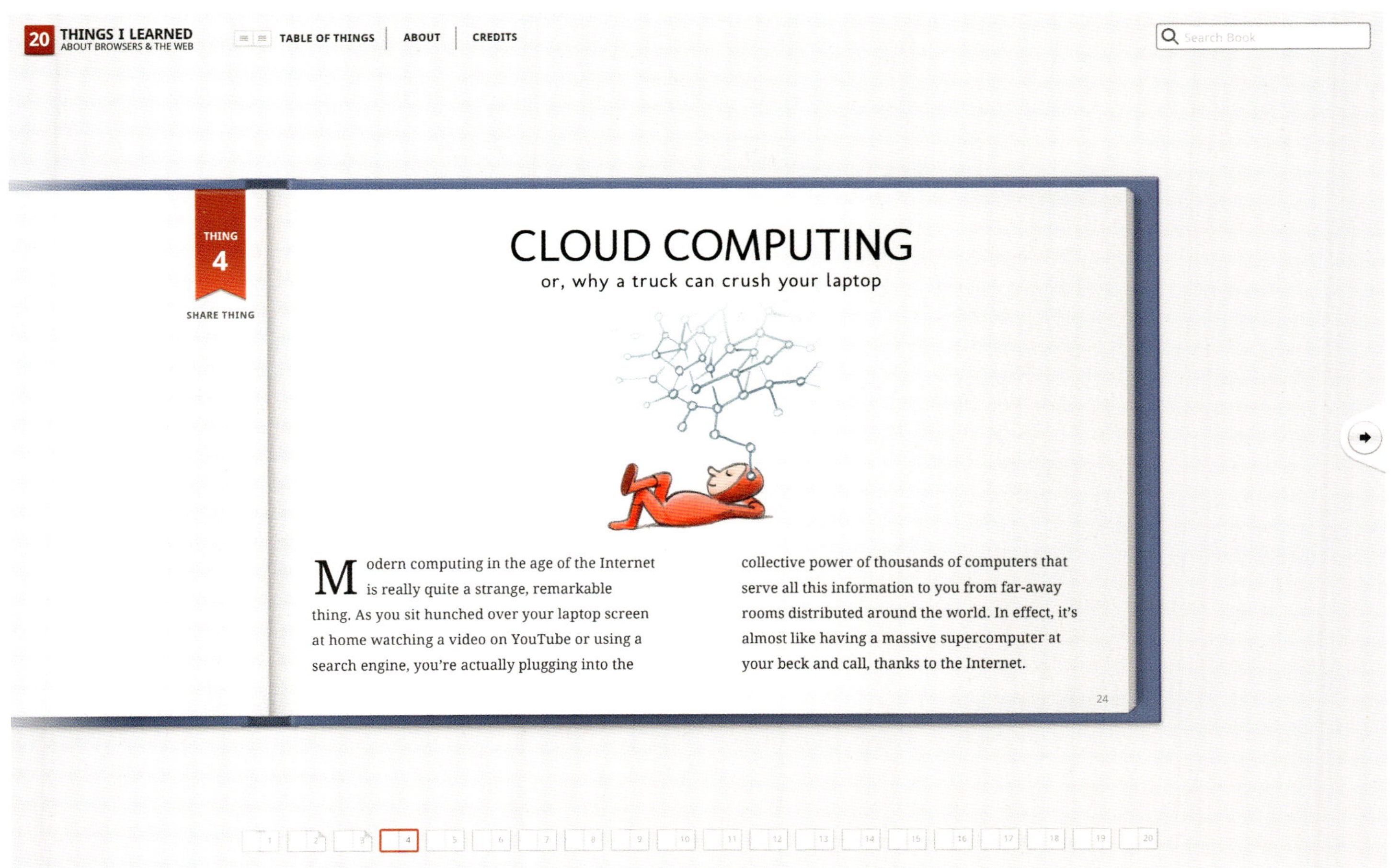

30

说服，而不是强迫。

1971年，设计师维克多·帕帕涅克说：“有比工业设计更有害的职业，但只有极少数这样的职业，可能只有一种职业更虚假。广告设计，劝说人们用他们没有的钱购买他们不需要的东西，打动那些不在乎的人，这可能是当今最虚假的领域。工业设计，通过炮制广告商兜售的俗不可耐的白痴产品，紧随其后。”

如果说广告是虚假职业排行榜中第一位的，工业设计则是第二位的，那么用户体验设计无疑是第三位的。虽然我们声称自己是用户的代言人，但实际上我们往往是销售或营销团队的代言人。我们观察人们的行为举止，利用最基本的心理学技巧，找出社会和认知方面的诱因，使我们的设计更有黏性，更容易让人上瘾。事实上，人们会上瘾，以至于威廉·霍夫曼等人在2012年的一项研究中得出结论，对人们来说，发推特或查看电子邮件比香烟和酒精更难抵制。

据说优秀的用户体验设计师都具有高情商，善于设身处地地为用户着想。但根据发展心理学家野崎由纪和小安昌男在2013年的研究，情商的阴暗面是，情商高的人也很擅长操纵他人的行为，以迎合自己的利益。

当我们设计一款通过庆祝我们阶段性成果促使人们坚持的减肥软件，或创建一款可以奖励徽章的语言学习应用时，我们是在利用游戏化来说服用户坚持下去。但是，当社交媒体应用程序故意利用我们对快速多巴胺和催产素的需求来胁迫我们参与，或者故意等到用户完全沉浸在游戏中才要求付费时，我们就是在利用他们。

因此，我们可以做出选择。我们可以设计有意义、有成效的体验，说服用户实现他们的目标，也可以选择故意误导、欺骗和胁迫用户，以谋取私利（见原则5）。

在我们的工作室里，我们曾与客户进行过多次讨论，强调了一些看似无害、实则邪恶或具有胁迫性的做法。大多数时候，客户并没有真正意识到这一点。他们只是想完成目标或KPI（关键绩效指标），并不知道还有什么其他方法。他们不是专家，我们才是。因此，我们有责任帮助教育他们，并提出不占用户便宜的替代方案。

如果所有用户体验设计师都能考虑一下他们正在设计的产品或功能会如何胁迫人们去做他们并不想做的事情，并立即发出警报，那么互联网将会变得更加积极。

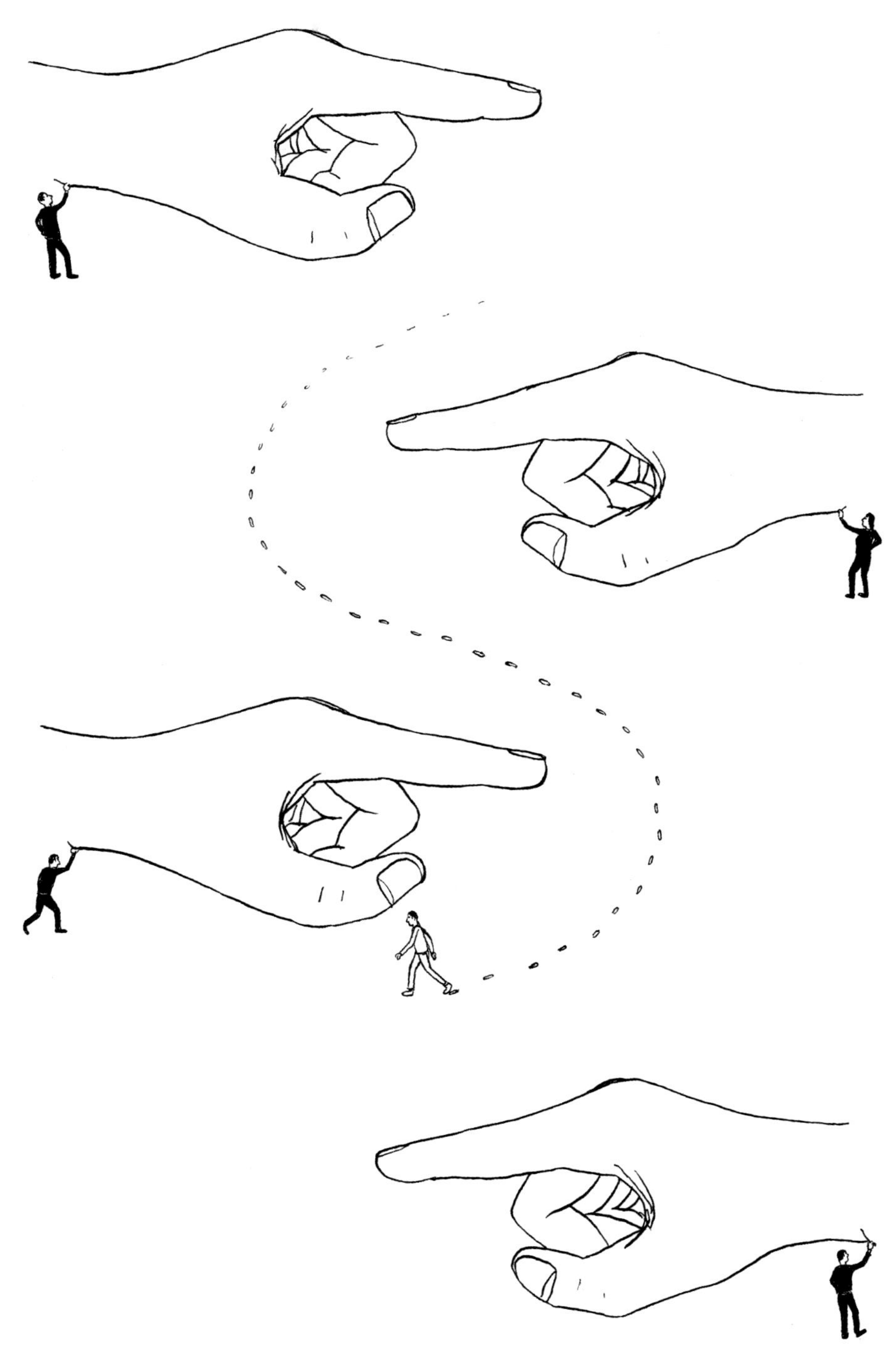

31

为被动关注而设计。

大多数数字产品都需要互动才能发挥作用。例如，推特（Twitter）只有在人们发推、点赞、评论、关注并保持更新的情况下才有价值，否则就没有价值。除了智能手表、活动追踪器或智能家居设备（如灯泡、开关、门铃或恒温器）之外，所有界面都是如此。智能设备不需要用户进行任何交互，就能提供价值或发挥功能。

智能设备是“物联网”的一部分，“物联网”一词由彼得·路易斯于1985年提出。根据刘易斯的说法，“物联网，即IoT，是将人、流程和技术，与可连接的设备和传感器整合在一起，以实现对这些设备的远程监控、状态、操作和趋势的评估”。换句话说，就是指任何连接到互联网的设备。

当我们与谷歌合作，为他们的Google Nest Hub智能家居设备设计一些显示界面时，我们讨论了很多关于在房子里安装屏幕的真正目的，以及智能家居设备是否应该安装显示屏的问题。因为如果真的有显示屏，它很可能会一直开着，所以它应该为环境增添点什么，而不是让人感觉像那些一走进运动酒吧就一直开着的电视机。

家里一直开着的屏幕不是电脑，而是连接互联网的装饰品。而装饰是一件棘手的事情。它非常个人化。它反映了我们是什么样的人，以及我们喜欢用什么来围绕自己。有些人可能想看他们正在听的音乐的专辑封面，而有些人可能更喜欢朋友和家人的照片幻灯片。还有一些人可能只把它当作显示时间的工具。

除了设计各种不同的图形显示界面供用户选择外，我们还扫描了谷歌地球，寻找从高空俯视时与数字非常相似的形状，比如一条像数字4的河流，一个像数字0的足球场，等等。通过利用谷歌地球的图像来设计钟面，我们不仅利用了谷歌独有的技术，还设计出了普通模拟时钟无法实现的效果。

并非所有界面都需要持续交互，因此，在设备处于闲置模式或只是环境的一部分时，考虑设备能带来什么价值是非常重要的。在家庭中，与互联网连接的设备具有模拟设备所不具备的独特功能。但我们必须非常小心地使用这些功能，确保我们所做的能为环境锦上添花，而不是喧宾夺主。

→
我们为新发布的Google Nest Hub智能家居设备设计了主屏幕钟面。用户可以从大量不同的钟面中进行选择，以最好地匹配他们的家居装饰品位和偏好。

10:48

3:14
MONDAY, FEB 14

1034

32

了解目的。

20世纪70年代，德国工业设计师迪特尔·拉姆斯曾说过：“实现某种目的的产品就像工具。它们既不是装饰品，也不是艺术品。因此，它们的设计应该既中性又克制，为用户的自我表达留下空间。”

所有数字产品都是工具，因此都有其目的。如果你是一个电子商务市场，人们就会想要购买一些东西；如果你是一个搜索引擎，人们就会想要搜索一些东西；如果你是一个内容平台，人们就会想要阅读或学习一些东西。当人们使用数字产品时，他们心中都有一个目标，并且希望能够尽快实现这个目标。如果不能，那么设计就失败了。

当我们为工业级3D打印机制造商Markforged重新设计网站时，我们知道大多数用户都想知道他们是否应该从目前的减法制造工艺转变为三维打印的增法制造工艺。

客户尤其希望了解3D打印材料是否足够坚固、改用快速成型技术是否会加快流程以及成本变化。在对现有内容进行分析后，我们意识到，要获取这些信息需要点击的次数太多，而且即使找到了，也无法提供足够清晰的答案。

重新设计的网站支持为解决这些问题所需的深入内容，并创建了一个底层架构，使用户能够尽快获得这些信息（见原则67）。

不管是什么产品，重要的是让用户都能够快速、轻松地完成他们心目中的任务。人们不是来欣赏设计的，甚至不应该考虑设计。数字产品不是艺术画廊，而是工具。它们是用户完成任务的一种手段。

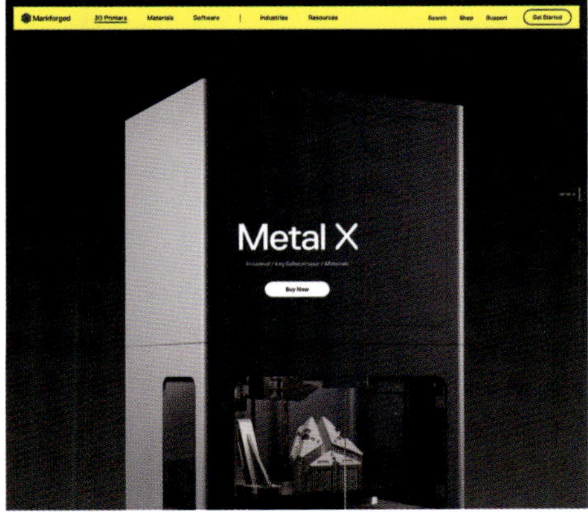

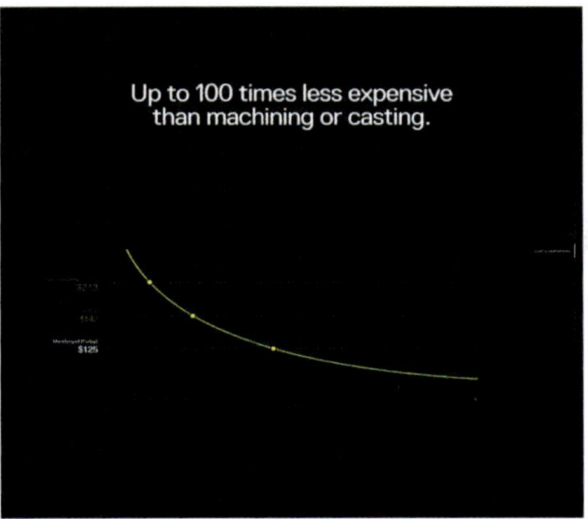

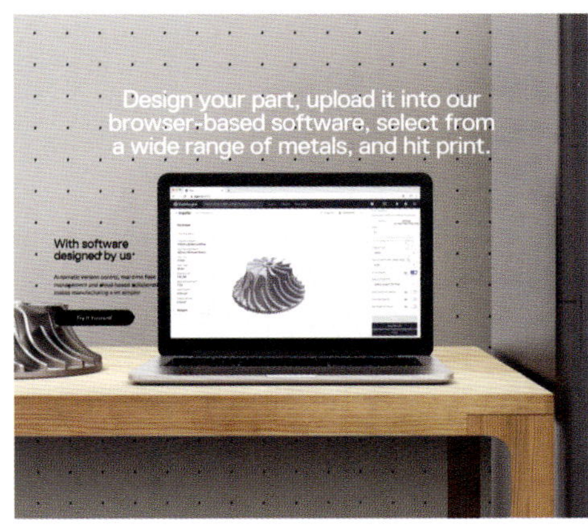

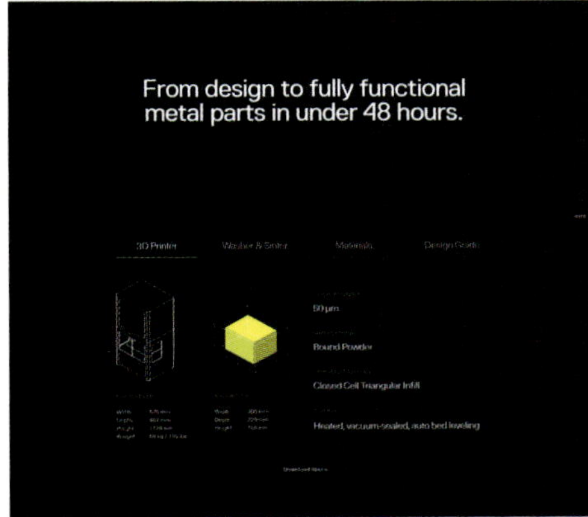

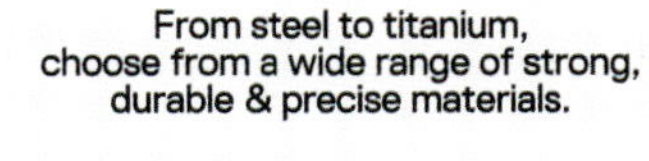

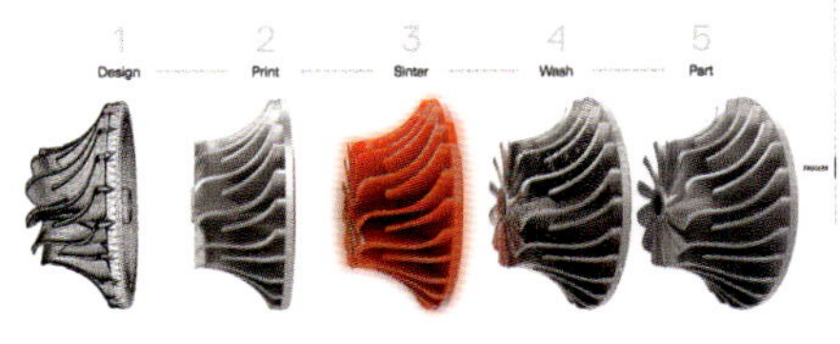

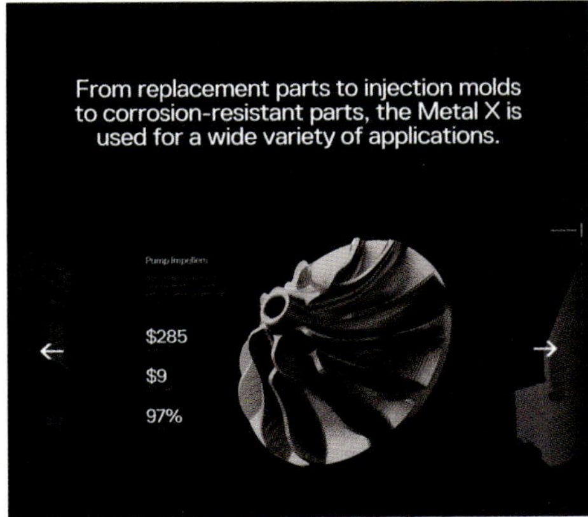

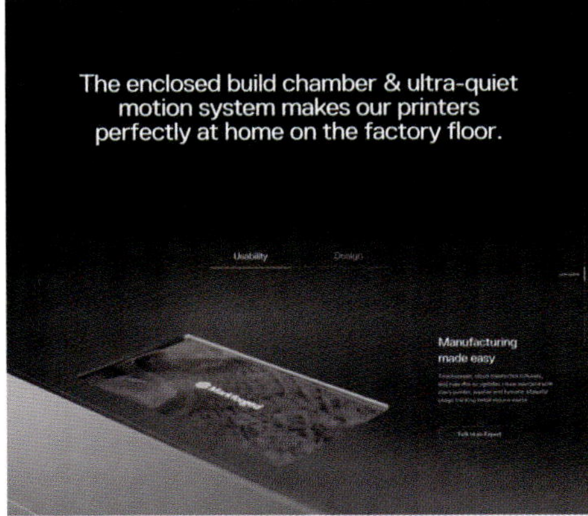

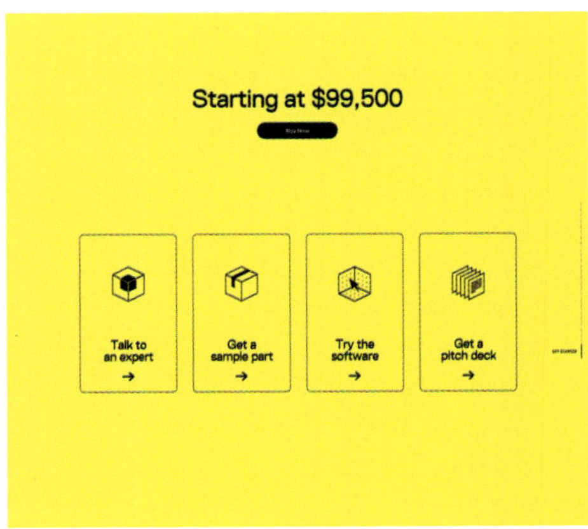

↑
Markforged网站的设计目标是快速提供有关快速成型制造工艺的相关重要信息。人们既可以浏览标题中的关键性的区别因素，也可以深入了解与其具体需求和关注点相关的详细信息。

33

仅在必要时打断。

多年前，我决定关闭所有设备上的所有提示和通知，但直系亲属的电话和短信提示除外。这是因为，要想尽可能提高工作效率，我必须能够完全专注于一项任务。而我只有在不经常被不重要的通知打断的情况下，才能进入深度专注的状态。

根据《哈佛商业评论》的研究，我们平均每6～12分钟就会被一些实际上并不需要我们立即关注的东西打断一次。《纽约时报》应用程序会通知我们突发新闻，Twitter会告诉我们有了新的追随者，Duolingo语言学习平台会提醒我们该练习法语了。我父亲会收到“前门刚打开”的通知。他起初打开这个功能是为了提醒他可能有人闯入，但由于他经常在家工作，人们总是来来往往，这让每个人都很抓狂。

根据加州大学欧文分校格洛丽亚·马克所做的数字设备分散注意力研究，一旦我们的注意力被打断，平均需要25分钟才能回到原来的任务。而在被打断后，我们通常不会马上回到原来的任务。我们会休息一会儿，然后切换到另外两项任务上，比如快速回复电子邮件或查看社交媒体频道，然后再回到之前的任务上。

每当我想到要为打断别人说话而进行设计时，我总会回想起在大学里当服务生时的情景。人们不喜欢你在他们说话时打断他们，但他们也不喜欢你无视他们，让他们不得不向你示意。好的服务员会留意他们的餐桌，只需点头或扬眉就能召唤他们。数字设备的打断模式也应如此。它们应该是相关的，只有在需要时才会出现，并得到适当的传递（见原则34）。

记住，如果什么都重要，那么什么都不重要。首先要考虑这些信息是否值得打断别人。如果答案是肯定的，那么就要考虑如何传递这一信息。在现实世界中，“你的房子着火了”和“你刚刚收到一封邮件”的重要性并不相同。在我们的设备上，它们的重要性也不应该相同。

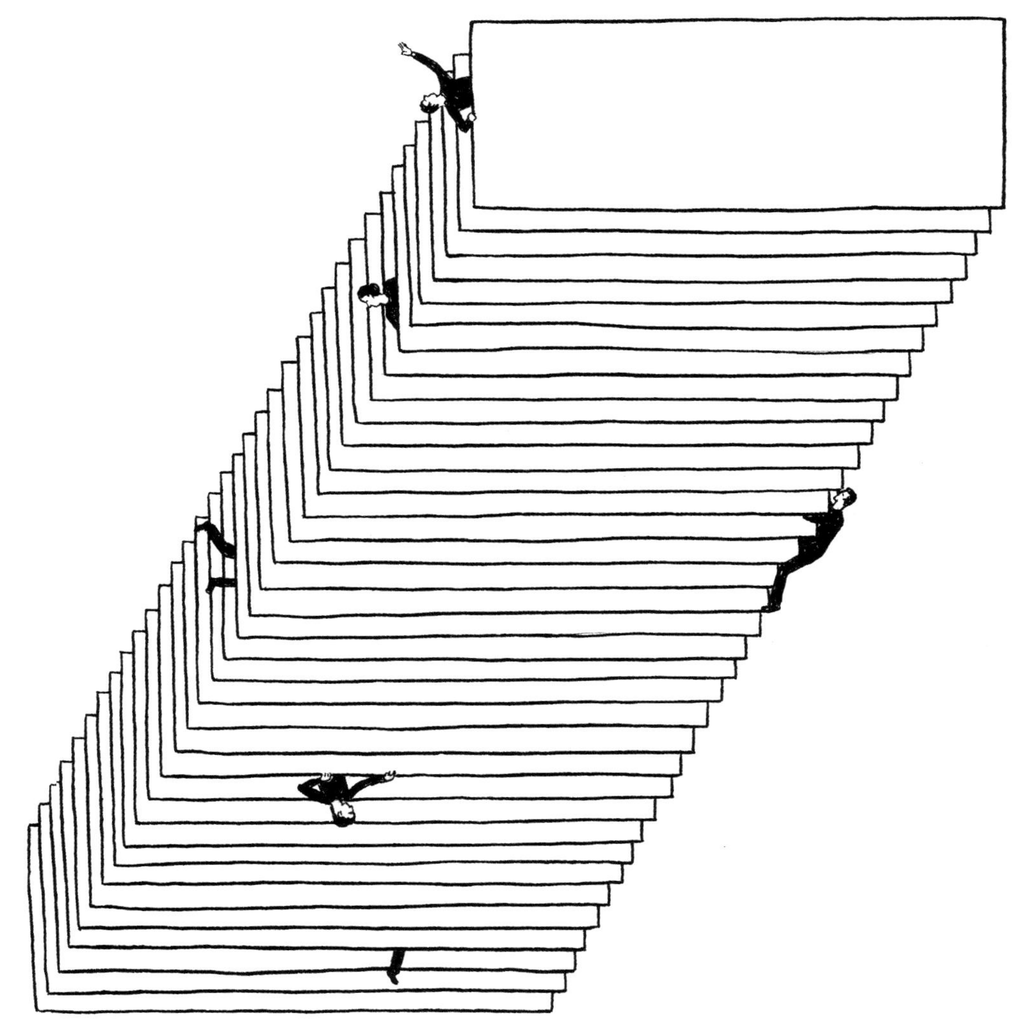

34

让通知变得有价值。

还记得微软的回形针助手Clippy吗？在微软内部，它的内部代号是“TFC”，其中“C”表示“小丑”，“TF”表示“嗯”，你大概能猜到是什么意思。Clippy以及系统提示的问题在于，当我们正在处理某件事情时，我们非常讨厌被打断（见原则33）。

但通知本质上并不邪恶。事实上，很多时候它们能让用户的整体体验更好。试想一下，如果没有任何信息通知我们某些内容填写错误，没有在我们试图删除重要内容前发出的警告，也没有信息通知我们重要更改的提示，我们会怎样？我们需要通知。

有价值的通知能预见到用户可能会感到困惑的时刻，因为它知道用户想要实现什么。它还能了解需要传达信息的紧迫性和重要性。在发送通知之前，我们需要扪心自问，我们是否了解在那一刻什么对用户是重要的，或者我们是否在替他们做假设。这就是为什么我们必须尽早将通知纳入设计流程，而不是事后才考虑。

用户并不需要知道系统内发生的所有事情。由于无用的通知会像苍蝇一样被拍飞，因此我们必须非常谨慎地控制发送通知的数量。说到通知，“少即是多”的方法更好。如果发送过多，人们就会习惯性地忽略它们，从而错过真正重要的通知。

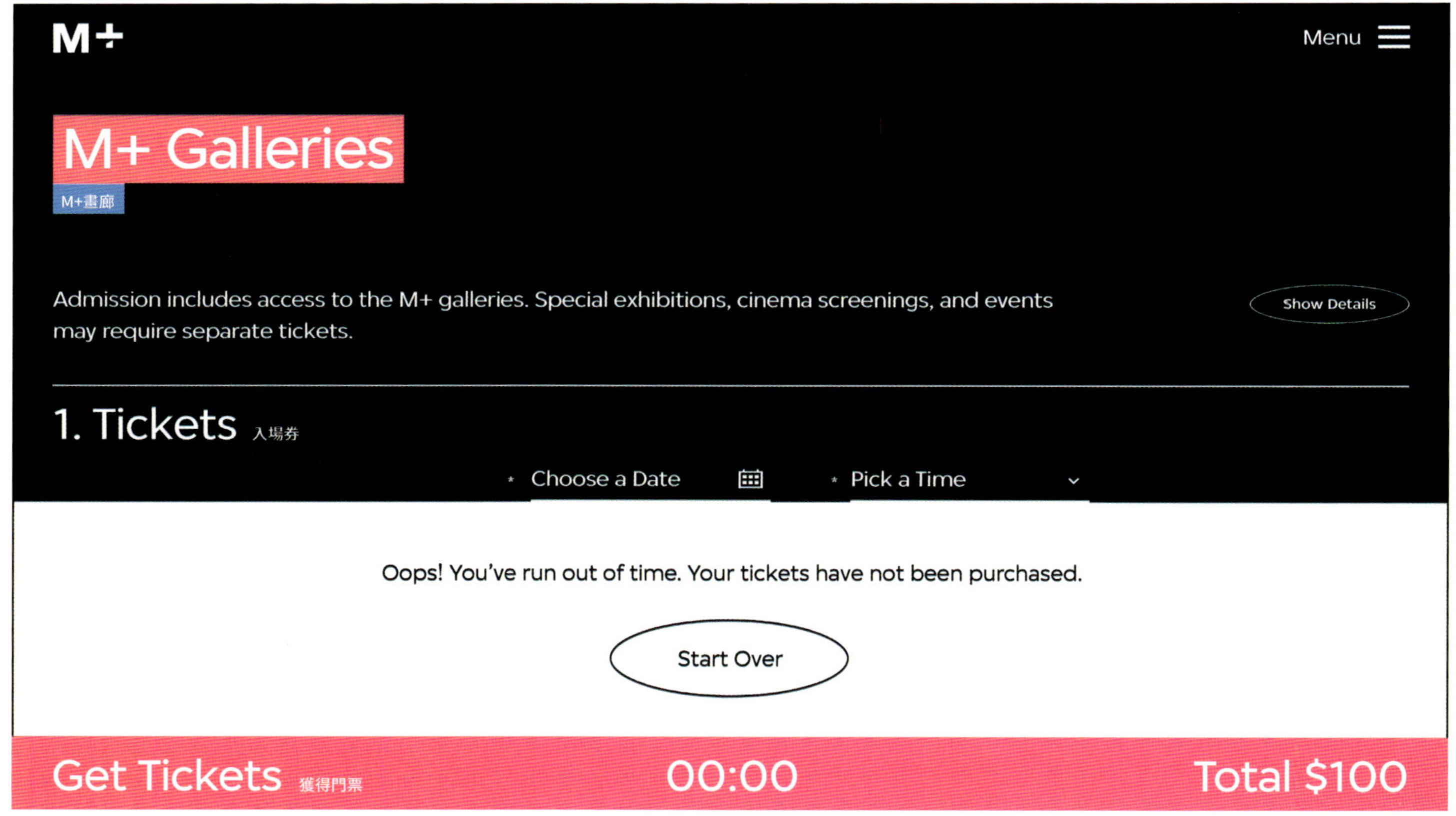

作为用户体验设计师，我们需要掌握打断的艺术，否则我们就有可能成为另一个Clippy。如果我们将用户的时间视为宝贵的时间，将通知视为用户在可能出现困惑时的助手，而不是销售工具，那么我们就走对了路。我们的指导原则应该始终是："此时此刻，这是否真的对用户有帮助？如果答案是否定的，就不要发送。"

↓
来自香港M+博物馆的重要通知示例，这些通知有助于用户的行程，不会对用户造成不必要的打扰。左侧通知用户购买博物馆门票的时间已过，右侧通知用户博物馆暂时闭馆。

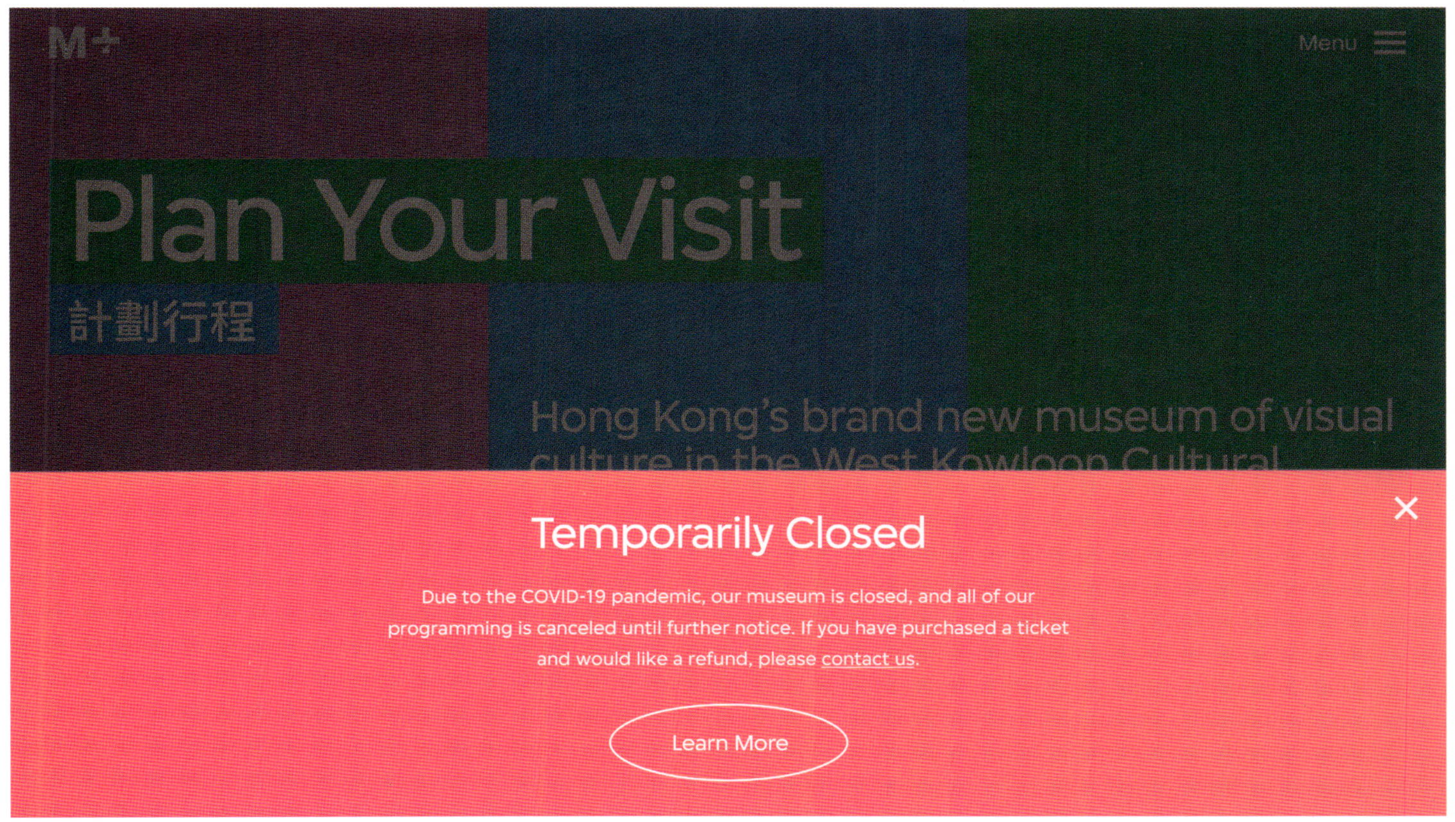

35

减少表单输入。

填写任何类型的表格都很烦人。我想我们当中没有人在接到一堆表格时会想："耶，等不及要填这些表格了！"不幸的是，由于我们无法用语言向电脑解释（反正现在还不行），所以购买东西、退货、联系公司或在线创建账户的唯一方法就是填写表格。如果我们没有输入所有的字段或输入不正确，我们就无法继续。

在我的职业生涯中，我设计过许许多多的表单。几乎在每个项目中，我都不得不向客户解释，表单中添加的每一个小字段都会对转换率产生负面影响。必填字段越多，完成整个表单的人数就越少。这就是为什么确保只询问真正需要的内容非常重要。请记住，人们填写表格是在帮我们一个大忙。

此外，客户必须考虑他们是否真的需要这些信息。每当我问他们打算如何处理这些信息时，他们通常的回答是，他们有一个宏伟的计划，要建立一个神奇的"客户关系"数据库。在未来，在某个时候，等我们有了预算……但事实是，大多数情况下，所有这些数据最终都会进入某个黑洞，没有人会再去查看。他们甚至不会对这些数据做任何坏事，这些数据只是静静地躺在那里，等待着被窃取或黑客攻击。

不过，有一种方法可以让填表变得有趣。我们与SPACE10和宜家合作开展的"2030年合租房"（OneSharedHouse2030）项目就是一个将表格伪装成游戏的项目。我们将21个问题隐藏在无色的图形后面，点击或轻点图形就会显示问题，有点像降临日历。只要用户回答了一个问题，我们就会向用户展示他们的答案与其他人的关系，同时也会呈现出一种颜色。这是我们任何表单中转化率最高的一次。

显然，并不是所有的表单都应该像游戏一样，但如果表单的排序合理、字段标注清晰、相关信息分组、有适当的默认值、考虑了键盘和拇指输入、尽可能提供自动完成功能，而且我们只询问我们真正需要的内容，那么就会有更多的人完成表单（见原则11）。当他们完成时，让我们确保处理所有数据都有一个实际的计划。

→
有史以来转化率最高的表单。来自世界各地的15万多人填写了我们与SPACE10/IKEA合作开发的表单，该表单捕捉并展示了人们对集体生活的偏好。

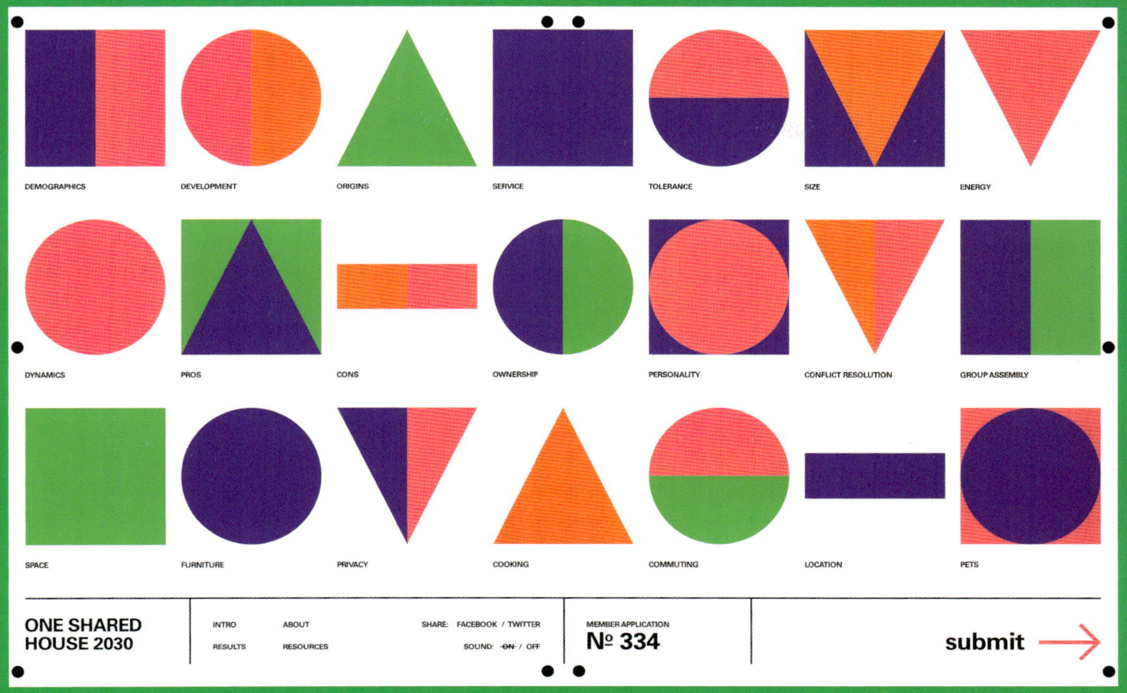
DEMOGRAPHICS
DEVELOPMENT
ORIGINS
SERVICE
TOLERANCE
SIZE
ENERGY
DYNAMICS
PROS
CONS
OWNERSHIP
PERSONALITY
CONFLICT RESOLUTION
GROUP ASSEMBLY
SPACE
FURNITURE
PRIVACY
COOKING
COMMUTING
LOCATION
PETS
ONE SHARED HOUSE 2030
INTRO
ABOUT
RESULTS
RESOURCES
SHARE: FACEBOOK / TWITTER
SOUND: ON / OFF
MEMBER APPLICATION
№ 334
submit

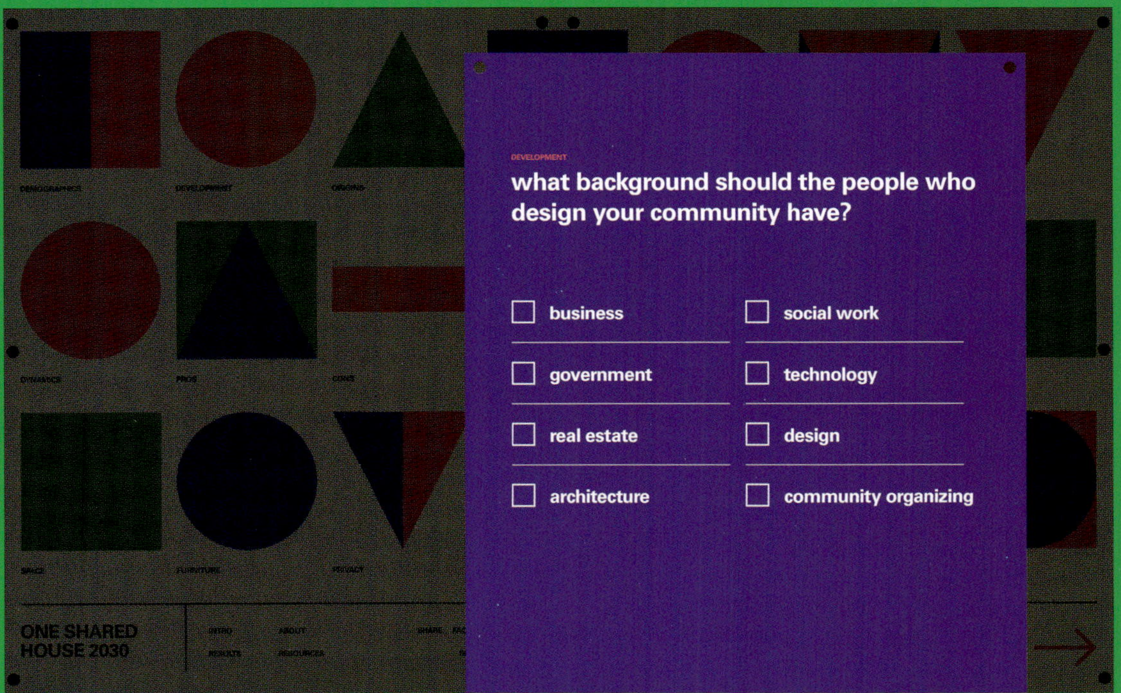
DEVELOPMENT
what background should the people who design your community have?
business
social work
government
technology
real estate
design
architecture
community organizing
ONE SHARED HOUSE 2030

36

时间少点，设计少点。

通常，当我们选择极简风格设计时，是因为我们知道这将降低用户的认知负荷，使界面更易于交互（见原则11）。或者是为了美观，或者是为了传达某种感觉或情感。但有时我们保持界面简洁，是因为需要在尽可能短的时间内完成设计和构建。

安东和我在工作室成立之初就达成了共识，那就是我们会利用项目之间的任何闲置时间进行个人实验。在这些空闲时间里，我们会创建自己的项目简介，并将可用的时间框架作为我们完成任何项目的最后期限。

第一次有这样的休息时间，我们做了一款手机游戏。我们认为做一款有色彩的游戏是个好主意，因为这不需要花费太多的设计精力，而且更容易完成。

一旦我们进入色彩世界，事情就变得有趣起来。眼睛中几种锥状细胞会对入射光产生反应，由于每个人的大脑产生的反应不同，因此对颜色的感知是主观的。我们看到的颜色也因性别、种族、地理甚至语言的不同而不同。因此，我们认为设计一款游戏来测试人们对颜色的感知会很有趣。

我们制作了一个简单的十轮游戏，在3秒钟内向用户展示一种颜色，然后要求他们尽可能地匹配这种颜色，让他们发现自己对颜色感知的准确性。由于游戏的机制非常简单，因此不需要大量的设计或开发工作。我们能够在两周内完成整个游戏的概念、设计和发布。

我们选择极简风格设计的原因有很多。但由于正确的解决方案往往可以在最简单的想法中找到，因此对设计过程施加限制也有助于节省时间。元素和功能越少，设计和建造的速度就越快。在时间紧迫的情况下，做到这一点效果就大不相同了。

→
我们自创的ColorMatch iOS游戏的关键画面。灵感来自于我们对一种颜色的争论。我的设计合伙人安东认为这是一种颜色，而我不同意。为了解决争论，我们深入研究了色彩感知科学，并制作了一款应用程序，测试人们对色彩感知的准确程度。

COLOR
MATCH

ROUND 1/10
0
3

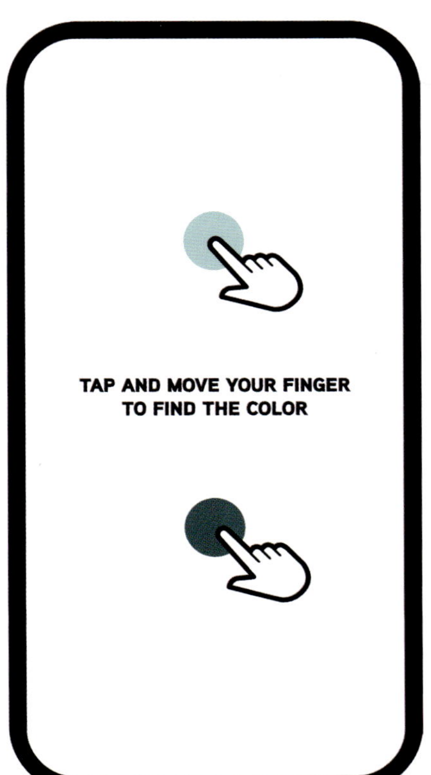
TAP AND MOVE YOUR FINGER
TO FIND THE COLOR

TAP THE CIRCLE
TO CONFIRM

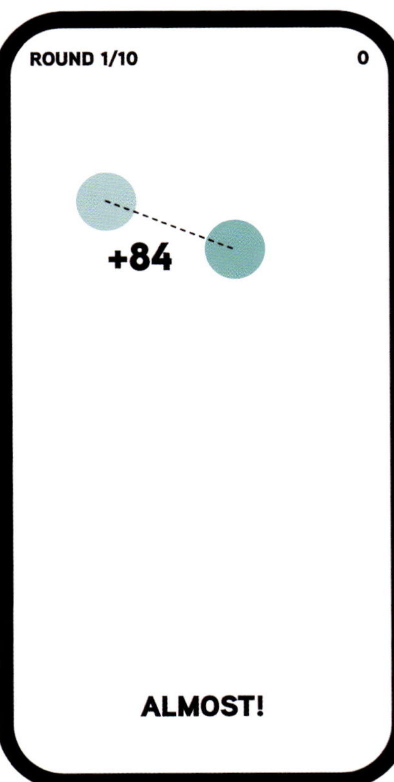
ROUND 1/10
0
+84
ALMOST!

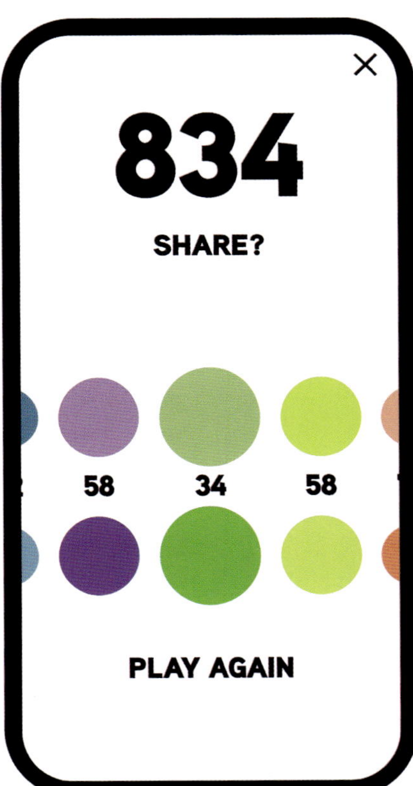
834
SHARE?
58
34
58
PLAY AGAIN

37

规则是用来打破的。

当网站或界面的用户试图完成一项任务时，高可用性是非常重要的。但是，如果我们想鼓励人们去玩，或者想进行实验，那么制作一些违反所有可用性规则、故意对用户不友好的东西，实际上会提高用户的参与度（见原则29）。

但是，在我们开始破坏互联网之前，至少应该了解一下规范。1990年，世界上最重要的网络可用性专家之一雅各布·尼尔森为用户界面设计列出了10项启发原则。从那时起，这份清单就成了可用性的黄金标准：

1.在合理的时间内通过适当的反馈让用户了解正在发生的事情；
2.遵循现实世界的惯例，使信息以自然、合乎逻辑的顺序出现，并使用用户熟悉的单词、短语和概念；
3.提供明确的出口，以便用户离开不需要的操作；
4.遵循平台和行业惯例，这样用户就不必纠结于不同的话语、情况或操作是否意味着同样的事情；
5.消除容易出错的条件，或在用户执行操作前提供确认选项；
6.尽量减少用户的记忆负荷，并确保使用设计所需的信息清晰可见或在需要时易于检索；
7.同时满足无经验和有经验用户的需求；
8.删除不相关或很少需要的信息；
9.用通俗易懂的语言指明错误信息，准确指出问题所在，并建设性地提出解决方案；
10.提供文档，帮助用户了解如何完成任务。

在英国艺术家香特尔·马丁的主页上，我们设计一个隐藏功能——一个小小的复活节彩蛋——它故意打破了所有这些规则。如果用户能够找到“Play”这个单词，就会出现一个互动面板，对香特尔的所有画作造成严重破坏，使界面几乎无法使用。大多数人都没有找到它，找到它的人也花了大量时间。

可用性并不总是主要的考虑因素。如果我们不需要人们执行特定任务，而只是想鼓励他们玩游戏，那么高可用性实际上会扼杀人们的探索热情。这就是为什么最受欢迎的游戏也是最难玩的游戏。孩子们也喜欢可用性得分很低的应用程序和网站。为什么呢？因为可用性得分低的界面会把他们的父母拒之门外。

→
香特尔·马丁主页上隐藏的复活节彩蛋可以让用户决定他们是希望香特尔的艺术作品“跳舞”“派对”还是“爱”。选择后，用户可以使用滑块来决定作品受影响的程度，以及反应的速度、混乱程度和强烈程度。

SHANTELL MARTIN
WORK
PLAY
WITH THE DRAWING
DANCE
PARTY
LOVE
SPEED
CHAOS
STRENGTH
AREA
RESET
NEWS

我们必须提出正
字里行间的意思
觉，做一个好侦

确的问题，读懂

，遵循正确的直

探。

38

选择合适的客户。

在任何情况下，都不值得与糟糕的客户打交道。让我再说一遍，没有任何一种情况下值得与糟糕的客户打交道。如果客户要求你在了解问题之前就开始设计，希望你按部就班地工作，试图替你完成工作，阻止你接触他们的员工，花很长时间才能做出决定。为了组织政治而忽视项目目标，或者不尊重你的设计流程，那么你和这样的客户打交道还不如吃一个月的金枪鱼罐头。相信我，这不值得。

当亚历山大 · 王还是巴黎世家（Balenciaga）的创意总监时，他们来我们办公室讨论合作的可能性，我对他说，我们要确保合作更像是约会，整个巴黎世家团队都笑了起来。但这是事实。根据项目的规模，你们需要一起工作三个月到一年不等。这就是一种关系。这也是一段很长的时间来处理你在同意合作时由于忽略而产生的任何问题。

即使世界上你最喜欢的品牌或产品打来电话，也要密切关注他们在初次接触时的表现，因为这将预示着他们在整个项目中的表现。他们是否会花很长时间回复电子邮件？他们是否难以捉摸？他们是否过分关注费用和金钱？他们是否理解并尊重用户体验的设计过程？这个项目对他们来说重要吗？他们愿意接受新想法吗？他们愿意接受改变吗？他们自己有创新精神吗？你喜欢他们吗？

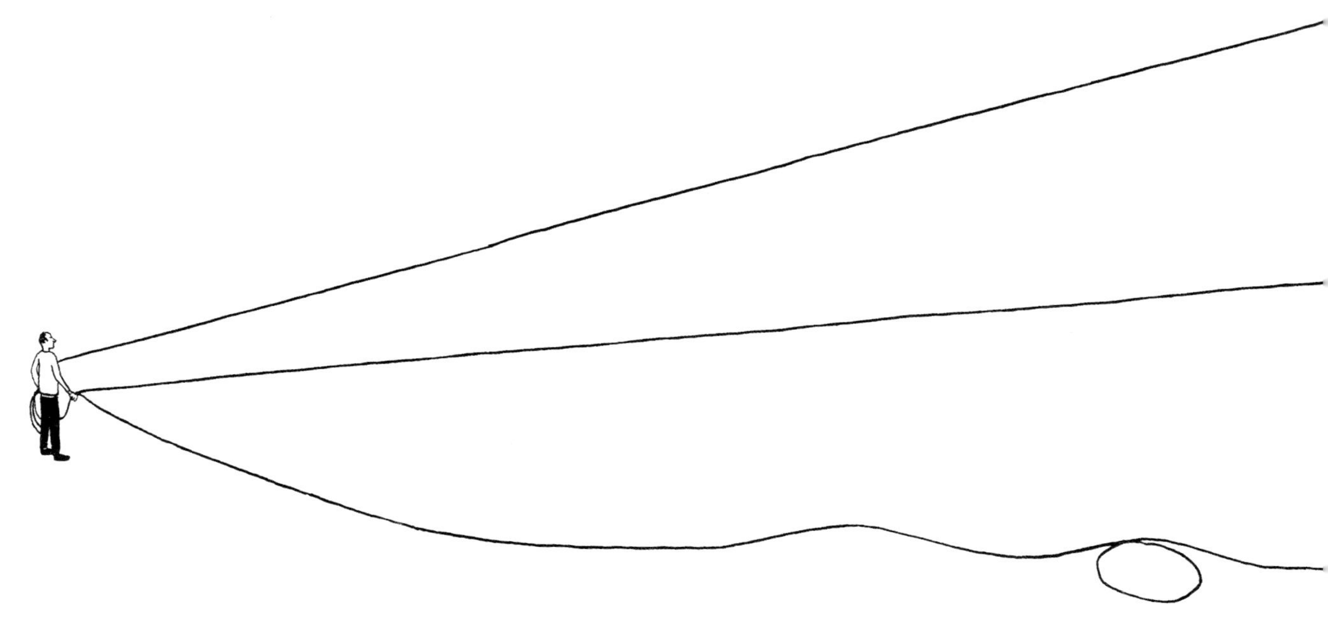

我深刻地认识到，如果在业务开发的早期阶段，我的直觉告诉我有什么地方不对劲，即使我不能完全确定，项目也会是一场灾难。如果我们在评估过程中没有发现这是一个糟糕的客户，或者他们后来才暴露了自己，我们唯一能做的就是从这次经历中吸取教训。是什么让他们变得如此糟糕？为什么一开始会出现这样的问题？我们本可以做些什么来预防？我们吸取了哪些经验教训，可以在今后加以应用？

托尔斯泰1877年的小说《安娜·卡列尼娜》以这样一句话开头：“所有幸福的家庭都是相似的；每个不幸的家庭都有自己的不幸。”客户关系也是如此。积极正向的客户关系都有一系列共同的特质，这些特质促成了一个伟大的项目，而各种各样的特质则可能导致糟糕的客户关系。这就是为什么在签署任何合同之前，都要有意识地努力甄别糟糕客户，因为没有任何一种情况是值得与糟糕客户打交道。

39

成为一名好侦探。

在我们开始任何工作之前，我总是告诉我们的客户，我们不是，也永远不会是他们业务方面的专家。但我们是通过设计流程让客户受益的专家，这反过来又会帮助他们的业务。但要做到这一点，我们首先需要深入了解客户想要实现的目标。

有些客户，尤其是拥有专门数字团队的客户，已经做了大量研究，组织能力超强，清楚自己需要什么，并将所有想法写成书面材料。而另一些客户可能没有做那么多的准备工作，只是有一个最基本的预感，需要我们去验证（见原则56）。无论如何，我们都必须在启动这两项活动的设计制作之前加快速度。

1.初步问题

为了尽可能为启动会议做好准备，我们首先会提出一些问题。我们会询问项目成员的角色，他们能告诉我们的关于目标受众的信息，他们对竞争对手的看法，他们认为在哪些方面需要做得更好，他们目前是如何处理更新工作的，如果不是时间和资金问题，他们最希望得到什么，以及谁将最终负责签署我们的工作。

2.启动会议

消化完这些信息后，我们会与他们的核心项目团队召开一次长达4个小时的会议（最好是面谈），讨论我们提出的问题，明确需求，审查现有的设计资料，了解他们当前的工作流程，确定他们所了解的客户需求，并集思广益，探讨我们可以如何帮助他们的用户实现目标。

之后，我们将所学到的所有知识整理成一份文件，其中包含一个明确的问题陈述，即该项目需要解决的问题。这是我们的工作指南。每一个决定都必须以此为依据。如果我们不能在前期就达成一致，或者不能及早发现哪些地方可能会出现阻力或延误，那么这种负面的多米诺骨牌效应就会在以后的每一个决策点上显现出来。

我总是告诉我的学生，一名优秀的用户体验设计师除了要擅长设计外，还必须是一名优秀的侦探和治疗师。我们必须能够让人们感觉舒适，提出正确的问题，读懂字里行间的意思，并遵循正确的直觉。这些软技能对于设计过程的顺利进行极为重要，它们有助于确保我们最终设计出能够解决正确问题的产品。

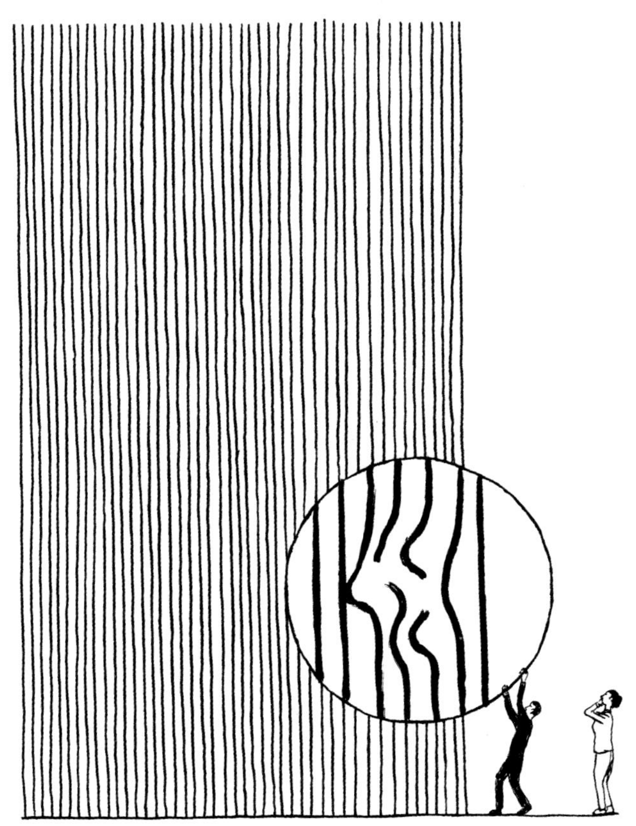

40

收集需求。

除了阅读所有现有资料（见原则56）外，我们在每个项目开始时都会对业务相关方和潜在最终用户进行访谈。在每次约30分钟的访谈中，我们会提出开放式问题，鼓励受访者更详细地分享他们的想法。

这些半结构化的定性访谈是从社会科学中借鉴过来的一种工具，其设计足够开放，因此可以探讨一些我们事先无法想象的话题。我们的客户联系人会帮助我们找出受访对象，然后我们一起从他们的现有客户中进行挑选。我们的目标是从业务利益相关者那里获取有用信息，同时更好地了解最终用户是如何体验产品的。

我们会尽可能多地与15～20个部门的业务利益相关者面谈，并事先交流我们希望谈及的内容。在访谈过程中，我们会做手写记录（如果人们知道自己被记录下来，往往会不那么坦率），并提出一些开放式问题，如“你们已经尝试过哪些方法？”“为什么这个项目现在很重要？”以及“公司内部会如何看待这种变化？”

在完成对企业利益相关者的访谈后，我们会对大约15名现有客户进行访谈，询问的问题包括：“到目前为止，您使用这款产品的体验如何？”“您还记得曾经遇到过挫折吗？”或“跟我说说您是如何完成这项任务的。”

访谈结束后，我们会编写一份文件，总结我们的主要发现。我们会强调我们听到的任何假设、提出的要求或提供的规范性解决方案。然后，我们会与核心项目团队讨论哪些意见我们要考虑，哪些意见我们要忽略。

产品定义或理解阶段为最终产品奠定了基础。只有在我们了解了什么对企业利益相关者和客户是真正重要的之后，我们才能开始考虑如何进行研究。只有在完成研究之后，我们才能真正开始设计。

41

确定问题陈述。

每当我们在工作室开展自己发起的项目时（这些项目是为我们自己而不是为客户设计的），我们都会制定自己的项目简介，设定自己的最后期限，并自己确定问题陈述。这是因为设计不是艺术，它需要解决人类真正的需求。正如美国极简主义艺术家唐纳德·贾德的名言："设计必须有效，艺术则不然。"而如果不先确定问题，我们就无法让设计发挥作用。

每当我们面对一份开放式的简介时，人为地添加一些限制条件和自我强制执行一些规则是很有帮助的。制约因素能让我们缩小潜在解决方案的范围，并让没有制约因素的创意成为可能。当我们想出一个创意时，无穷无尽的可能性会让人瘫痪。

与此同时，简介也不能限制性太强——必须留有足够的空间，以容纳出人意料的解决方案。当我在普拉特攻读传播设计硕士学位时，一位教授曾对我说，如果简介是"设计一把更好的牙刷"，那么你最终得到的只会是一个类似于牙刷的设计。但如果你把陈述扩展为"设计一种更好的清洁口腔的方法"，解决方案可能根本不像牙刷，甚至可能比牙刷更好。

当我们制作互动纪录片《一间合租屋》时，我们人为的限制是时间（故事必须在10分钟或更短的时间内讲完），由于我们希望人们在观看视频（这会让人们向后仰）的同时，还能与背景信息互动（这会让人们向屏幕凑近），我们的问题陈述就变成了"让观看视频和阅读背景信息之间的切换感觉自然"。

明确项目目标有助于启动构思过程，并创建一个坚实的框架来衡量未来的所有决策。如果没有约束条件或一个好的问题陈述，我们甚至很难知道从哪里开始，这会让人感到不知所措，并使设计过程陷入瘫痪。如果我们有了一个清晰的框架，人们就更容易步入正轨，我们也更有可能以出人意料的方式解决正确的问题。

PERSPECTIVE:
and the social aspect of raising kids together
pause mute

PERSPECTIVE:
not in a claustrophobic little family of two people with children
READ:

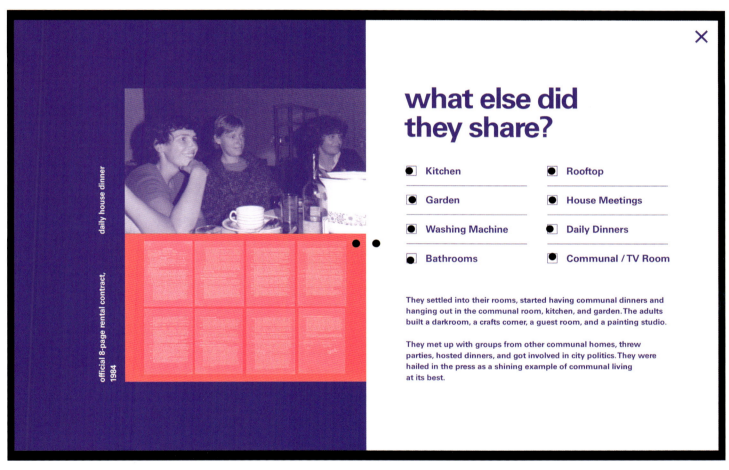

pause mute

daily house dinner

official 8-page rental contract, 1984

what else did they share?

- Kitchen
- Rooftop
- Garden
- House Meetings
- Washing Machine
- Daily Dinners
- Bathrooms
- Communal / TV Room

They settled into their rooms, started having communal dinners and hanging out in the communal room, kitchen, and garden. The adults built a darkroom, a crafts corner, a guest room, and a painting studio.

They met up with groups from other communal homes, threw parties, hosted dinners, and got involved in city politics. They were hailed in the press as a shining example of communal living at its best.

↑
我们自制的互动纪录片《一间合租屋》的主显示画面，讲述了我在阿姆斯特丹市中心一栋公共房屋里的成长经历。由于我们的问题陈述是“让观看视频和阅读背景信息之间的切换感觉自然”，因此我们研究了早期的视频游戏，这些游戏将讲故事与互动结合在一起，如《卡门·桑迪戈在哪里》和《塞尔达传说》。

42

寻找捷径。

有些项目有一个不精确的启动日期，这是由设计包含的功能决定的，而有些项目则有一个非常固定的截止日期，无论如何都必须在截止日期前完成。如果项目确实有严格的截止日期，那么在构思阶段提出的任何建议都必须能够在约定的时间内执行。因此，我们必须非常谨慎地预计未来的工作时间安排（见原则44）。

在与历史频道合作制作关于美国内战150周年的数字专题节目时，我们同意制作6幅互动信息图表，让内战狂热者和第一次了解内战的七年级学生都能从中获得乐趣。由于周年纪念是在特定的日子举行，我们知道在截止日期前没有回旋的余地。

在项目开始时的设计需求收集过程中（见原则40），核心客户团队告诉我们，每当他们制作任何有关内战的专题节目时，铁杆粉丝（你知道的，就是那种在周末打扮起来重演战役的人）都会就任何发现的历史不准确之处发来投诉。人们会因为邦联士兵制服上纽扣的颜色不对等问题而大动肝火，甚至会寄出仇恨邮件。

由于我们打算绘制一些带信息性的插图，他们告诉我们，无论我们想出什么插图，都必须符合历史事实。历史准确？我们只有两周的时间进行设计研究，根本不可能研究插图是否符合历史。

回到工作室后，我们与团队讨论了这个问题，经过一番头脑风暴，我们发现了一个天才的捷径。我们决定，整个体验的时间设置在夜间，这样人们就只能看到士兵的轮廓，而不会看到任何细节，因为这些细节可能会被拆穿与历史不符。当我们向历史频道展示并告诉他们我们的省时秘诀时，他们都笑得前仰后合。我们当天就商定了设计方向，并按计划继续制作。

在彻底收集设计需求的过程，我们可以发现水下的石头、路障或潜在的时间浪费。如果我们没有在前期花费大量的时间与历史频道沟通，我们很可能会在设计方向上浪费大量的时间，而这个设计方向可能会立刻被拒绝。所有项目都会有一些限制，我们必须事先了解这些限制，这样才能找到正确的捷径，在不影响质量的前提下加快进程。去找到捷径吧。

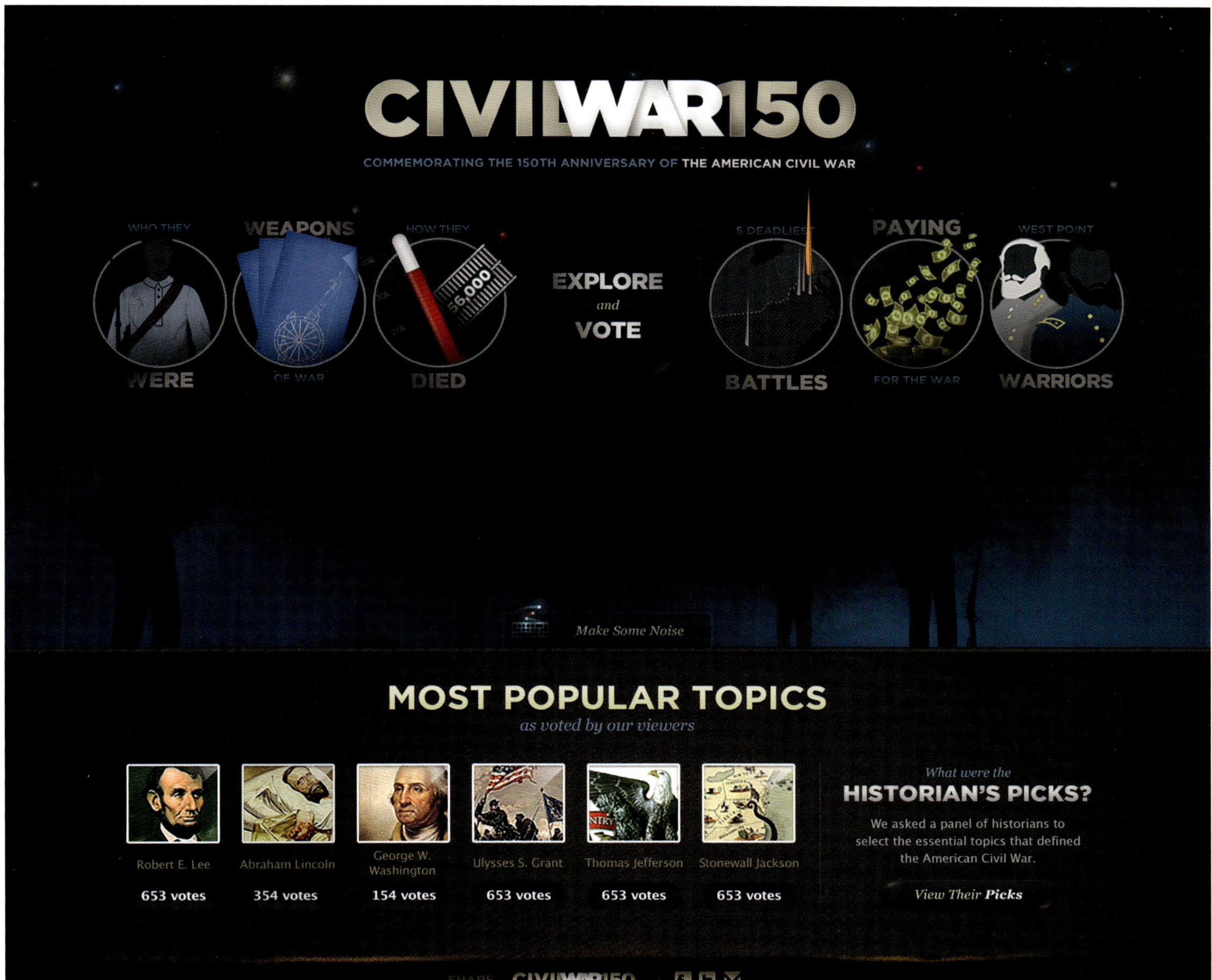

↑
历史频道的纪念美国内战150周年的网站，将纪录内容发生的时间设置在夜间，只显示士兵的剪影。这一创意方向节省了大量的设计研究时间，同时也最大程度地减少了历史不准确的可能性。

43

完成总比完美好。

在网站或应用程序上，用户可以将与其互动的每一件事物视为一种功能。筛选、排序、分页、图像轮播、订票或选座都是功能。在任何项目中，最困难的事情之一就是弄清楚哪些功能是必须具备的，哪些功能是值得拥有但并不重要的。

为了尽快推出产品，最好只发布功能最少的产品，以了解人们将如何与产品互动。否则，我们就有可能花很长时间发布一个非常庞大、臃肿、昂贵的产品，但却没有人想要或需要它（见原则44）。

“最简化可实行产品”（MVP）一词由弗兰克·罗宾逊于2001年首次提出，它也是一种开发技术，通过它开发的产品只包含部署所需的核心功能。必须具备的功能包含在首次发布的产品中，一些还不错的功能已确定，但计划在以后发布。因此，举例来说，如果我们在设计一架飞机，那么MVP将只包含能让飞机真正飞起来的功能。而地毯、乘客座位、厕所或头顶隔间则会在以后的版本中出现。

在我们的工作室，为了达到设计MVP的目标，我们在决定设计或构建任何功能之前，基本上都会有一个美化的电子表格，对所有潜在功能进行书面描述和想象。我们征求业务利益相关者的意见，并添加与业务目标直接相关的功能。然后，我们再添加与用户需求相匹配的功能。

一旦所有功能都得到了清晰、明确和简洁的描述，我们就会根据其业务价值、用户价值和技术复杂性对每项功能进行高、中、低等级的衡量。

经过这一练习，我们可以清楚地看到哪些功能是我们必须拥有的（具有高商业价值、高用户价值和低技术复杂性的功能），哪些是我们可以拥有的（具有低商业价值、低用户价值和高技术复杂性的功能）。然后，我们将与项目团队重新组合，决定哪些功能将纳入MVP，哪些功能将在以后发布。

在项目生命周期的早期，规划功能至关重要，因为这可以让我们从一开始就确定产品战略和实现战略的道路。管理发布的功能范围还能在我们的团队内部以及与客户之间形成更大的凝聚力，并能尽快将产品提供给用户。

1.0
2.0
3.0
???
A
B
C
D

44

少承诺，多兑现。

从业务的角度来理解包含哪些功能很容易，因为这只需要与业务利益相关者进行对话。但是，为用户设计哪些功能就比较麻烦了。这并不像只确定设计刚开始使用时所需的基本功能那么简单（见原则43）。同样重要的是，要包含一些用户意想不到的功能，这些功能会给用户带来惊喜。

那么，我们如何决定在MVP中包含哪些附加功能呢？您可能有一种直觉，但最好能有一种更系统的方法来确定功能的优先级，尤其是当您需要向业务利益相关者证明决策的合理性时。在确定某个功能的用户价值是高、中还是低之前，最好先问这些问题。

· 用户是否希望该功能存在?
· 用户是否对该功能毫不关心?
· 该功能是否有可能使用户感到不快?
· 该功能是否会给用户带来惊喜?
· 该功能是否能优化界面的使用?

这种功能优先级排序方法大致基于东京理科大学质量管理学教授狩野纪明于1984年创建的一个模型，他在研究提高客户满意度和忠诚度的因素时开发了这一框架。虽然不是专门为设计界面而创建的，但它却是一种非常方便的方法，可以快速了解哪些功能应纳入最终产品。

我们在制作艺术指导协会（Art Directors Guild，代表电影和电视专业人士的工会）的会员名录时，需要为艺术部门的会员设计一种更简便的求职方式。我们创建了公共档案，会员可以在其中列出自己的技能和荣誉，以及联系信息。从MVP的角度来看，这已经足够了。但是，由于数据库中存储了每个人的作品，我们决定对照展示出哪些成员共同参与了哪些制作，这样成员们就能更容易地找到整个制作团队。没有人要求这项功能，但当我们推出时，这是令成员们最惊喜的一项功能。

重要的是要记住，现在让用户惊喜的功能以后可能会成为意料之中的功能。例如，当史蒂夫·乔布斯在2007年的苹果发布会上介绍第一代iPhone的“捏合缩放”功能时，人群可能会惊呼，但现在我们不会惊呼了。随着技术的发展，我们对功能类型的要求也越来越高。这就是为什么要不断重新评估界面，每隔一段时间就发布新功能，让用户再次惊叹的原因。

→
艺术指导协会的成员可以快速查看工会中所有参与过同一制作项目的成员，从而更容易找到曾经合作过的整个制作团队。

JOIN
DIRECTORY
AVAILABI
EVENTS
AWARDS
THE GUILD
STORE
MEMBER

THE UNICORN
SEASON 1 & 2
ART DIRECTOR
3

EMERGENCE
PILOT
SUPERVISING ART DIRECTOR
1

THE FIX
SEASON 1
ART DIRECTOR

MARVEL'S RUNAWAYS
SEASON 1
ART DIRECTOR
14

MORE PRODUCTION MEMBERS

YVONNE BOUDREAUX
SET DESIGNER

BRETT MCKENZIE
ART DIRECTOR

KEDRA DAWKINS
ASSISTANT ART DIRECTOR

DARCY PREVOST
SET DESIGNER

BRADLEY ARNOLD
STORYBOARD ARTIST

EL CAMINO CHRISTMAS
ART DIRECTOR

3

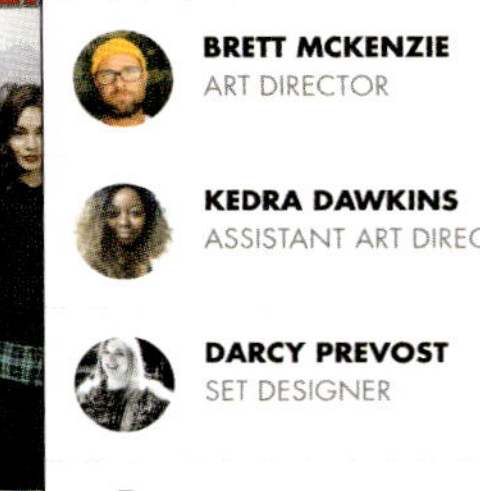

POWERLESS
SEASON 1
ART DIRECTOR
3

ART DIRECTOR
12

WHITNEY
ART DIRECTOR
1

REAL HUSBANDS OF HOLLYWOOD
SEASON 3
ART DIRECTOR

5

EPISODES
LA UNIT - SEASON 4
ART DIRECTOR
1

SURVIVING JACK
PILOT, SEASON 1
ART DIRECTOR
1

RED STATE
ART DIRECTOR

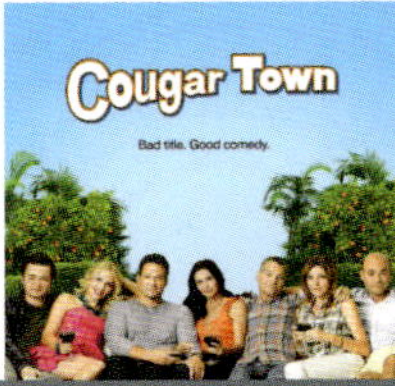

45

只有在必要时才引入复杂性。

任何项目中最重要的讨论总是关于功能设置——用户在最终产品中究竟能做什么？在大多数情况下，利益相关者都会被一个很酷的想法所吸引，却不问这个想法对于帮助用户实现他们的目标是否重要。作为用户体验设计师，我们的工作就是为用户的需求代言，无情地删减那些会妨碍用户的不必要内容和功能（见原则11）。

在我们工作室，我们总是从最简单的解决方案开始，只有在必要时才引入复杂性，这不仅是为了用户，也是为了我们自己的理智。我们必须在预算范围内按时完成项目，而且无论我们设计什么，都必须易于构建和维护。

为了化繁为简，指导我们的决策过程，我们遵循一个常用的指导原则：奥卡姆剃刀原理。14世纪英国学者哲学家和神学家威廉·奥卡姆曾写道："如无必要，勿增实体。"剃刀指的是剃掉任何不必要的东西。

在为艺术指导协会设计新网站时，我们收到了来自不同委员会成员的大量功能请求。其中很多要求会让产品变得复杂混乱，我们知道这对他们的成员和项目进度都没有好处。

经过多次陷入僵局的会议之后，我们走进了执行董事的办公室，询问这项工作的委托人我们应该如何向委员会成员解释，我们不可能添加他们想要的所有功能。他抬起头，自鸣得意地笑着说："告诉他们，地狱里的人想要冰水。"

奥卡姆剃刀并不是要为了简单而简单。它的作用是在不影响整体功能的前提下，根据手头掌握的知识，去芜存菁，找到最佳解决方案。通过删繁就简，功能将更加清晰，更有影响力，使人们能够更高效地使用产品。

→
艺术指导协会是一个代表电影和电视专业人员的工会组织，其网站主页是可滚动式的，只有相关的功能和内容更新最频繁，更复杂的功能被移到了体验的其他部分。

SEARCH

JOIN
DIRECTORY
EVENTS
AWARDS
THE GUILD

MEMBER LOG IN

SCENIC ART: PAINTING THROUGH TIME

SAMUEL MICHLAP

SENIOR ILLUSTRATOR

DANIELA V MEDEIROS

JUNIOR SET DESIGNER / ART DIRECTOR - FILM / ART DIRECTOR - COMMERCIALS

ALL MEMBERS

18 JUL — MODEL: YUKO HOUSTON
FIGURE DRAWING WORKSHOP. 7PM - 10PM / ADG, ROBERT BOYLE STUDIO 900

22 AUG — TRIBUTE TO JAROSLAV GEBR
GALLERY 800. RUNS THROUGH JULY 21 / GALLERY 800

6 SEP — THE CABINET OF DR. CALIGARI
FILM SOCIETY. 7PM - 10PM / ADG, ROBERT BOYLE STUDIO 900

30 OCT — COMIC-CON 2018: PREVIEW NIGHT
COMICON. 12PM - 2:30PM / SAN DIEGO CONVENTION CENTER

ALL EVENTS

ART DIRECTORS

Develop the overall look of the story, and collaborate with and supervise other departments in managing the creation of physical and digital set elements.

advertising; create main titles and screen advertising for film and television.

SCENIC, TITLE & GRAPHIC ARTISTS

Develop designs for sets and scenery, by hand or using computer software to draft construction drawings and build set models.

JACKIE'S DESIGN. CREATING THE WHITE HOUSE IN PARIS.

PERSPECTIVE MAGAZINE

ALL ARTICLES

FOLLOW ADG

FACEBOOK
TWITTER
INSTAGRAM

CONTACT
ADG ARCHIVES
MEDIA
AVAILABILITY LIST
PERSPECTIVE
PRESS

INSTAGRAM
FACEBOOK
TWITTER

PRIVACY POLICY
TERMS OF USE
THE IATSE

ART DIRECTORS GUILD
11969 VENTURA BLVD
STUDIO CITY, CA 91604
(818) 762-9995

46

有些复杂性是无法减少的。

我是用2020MacBook Air写这本书的。它是我用过的最薄、最轻的电脑，也可能是最漂亮的电脑。但我几乎每天都在诅咒它。它没有一个USB、HDMI或SD卡输入接口，这意味着每次我需要连接屏幕、移动文件或访问我的外置硬盘时，我都需要先连接一个非常昂贵的加密狗，而这个加密狗并不包括在笔记本电脑中。苹果公司让产品变得更薄、更轻、更简单，却让我的生活变得更加复杂。

这直接违反了特斯勒定律，该定律认为，任何系统都有一定程度的复杂性是无法降低的。该定律由计算机科学家拉里·特斯勒在20世纪80年代中期提出，当时他还在施乐帕克公司工作。换句话说，复杂性就像一个气球。如果我们在用户端挤压它，它就会在开发端膨胀；如果我们在开发端挤压它，它就会在用户端膨胀。

我们曾为奥地利照明公司Zumtobel制作过最复杂的产品组合，有数以千计的产品和配件可供选择。要为照明设计师和建筑师这些复杂的目标受众找到合适的信息密度非常困难，我们花了很多时间思考数据结构。多密集才算密集？多密集才算足够密集？

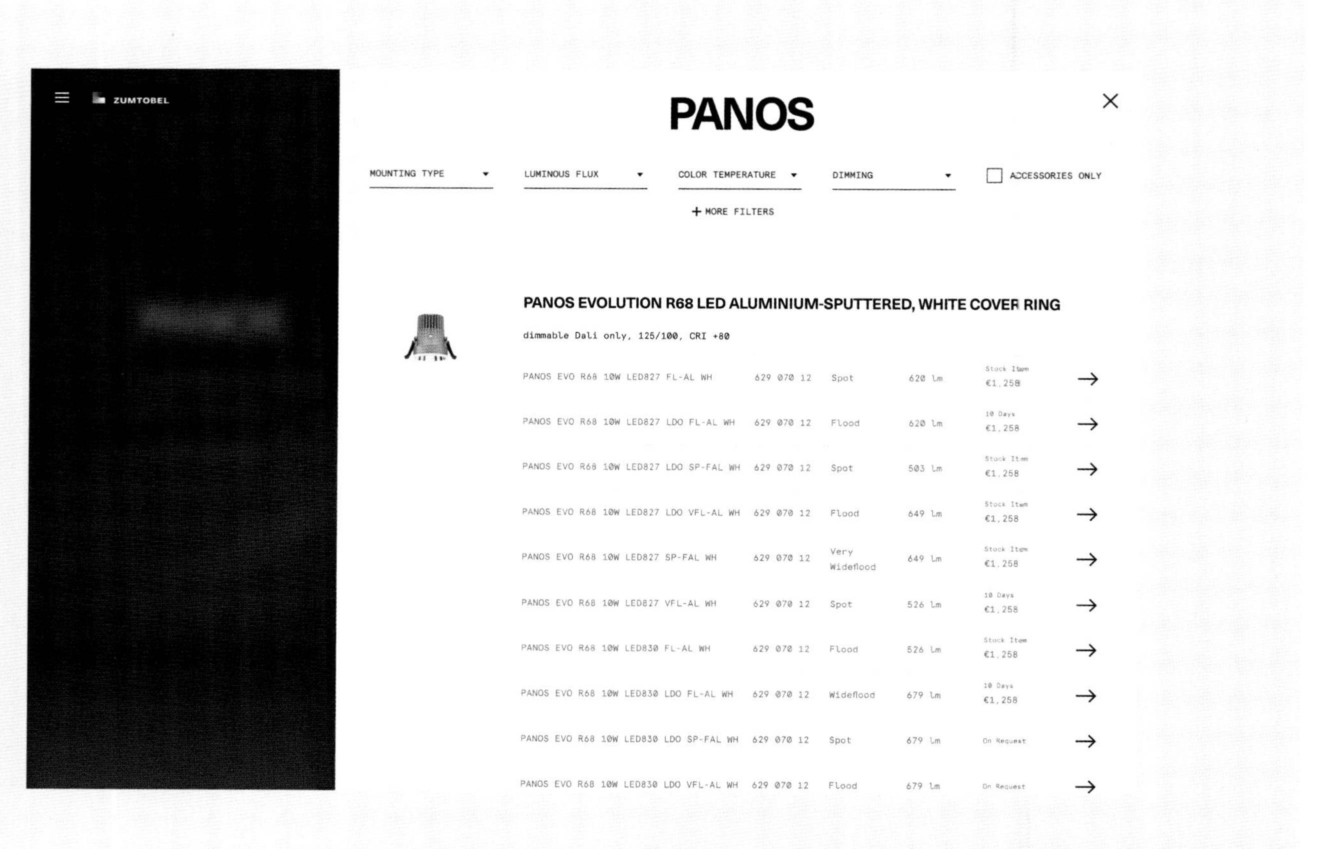

在我们开始工作之前，我们最初的直觉是尽可能消除界面的复杂性，但在与实际客户交谈后，我们了解到，一定程度的复杂性是需要保留的，因为适当地控制使用复杂性是有必要的，也是用户所期望的。

与其担心简化用户界面上的照明产品可供选择的参数数量，并将这种复杂性转移到产品数据库中所带来的麻烦，我们决定将复杂性保留在用户端，创建一个具有大量详细参数的强大过滤系统。

简单的操作需要简单的工具，但复杂的操作需要复杂的工具。与其试图真正简化复杂的功能，不如让人感觉更简单。

对于外行人来说，Zumtobel网站上的信息量可能会让人应接不暇，但对于照明设计师和建筑师这些复杂的受众来说，他们需要高度的控制能力，并希望在就照明设备或解决方案做出决定之前，能够看到所有相关信息。高密度的信息设计是有目的的。
↓

47

想象用户旅程。

当谈到用户的目标时，例如，选择打车服务，很难想象用户在实现这一目标的过程中究竟经历了什么。从表面上看，这非常简单。我们把乘客和司机联系起来，用户就能到达他们要去的地方。但如果我们仔细观察，实际上要比这复杂得多。

用户会对产品抱有一定的期望，要满足甚至超越这些期望，就必须分析用户与产品交互的每个实例，并设想最坏的情况。在用户体验的世界里，这就是所谓的“用户旅程”，这样做可以让你的决策立足于现实，而不是一厢情愿的想法。

让我们设想一个用户，他经常在不同的应用程序之间切换，以便找到最便宜的打车服务选项。用户该如何做才能确保获得最便宜的价格？怎样才能让他们放心地做出决定？如果他们已经决定了，但没有司机可用怎么办？如果司机迟到了怎么办？如果司机意外绕道怎么办？或者危险驾驶？或者粗鲁无礼？如果用户把东西落在车里怎么办？或者想给司机差评但又觉得不好怎么办？

绘制整个用户旅程图不仅能帮助我们提前发现可能出现的问题，还能让那些可能只通过非人性化的电子表格查看KPI（关键绩效指标）的业务利益相关者获得对用户的同理心。它还能确定哪些地方有改进的余地，以及由谁负责改进。是仅靠设计就能解决的问题？还是需要在业务方面解决的结构性变化？

如果我们在考虑用户旅程时不假设最坏的情况，我们就有可能不小心以一种不反映现实的理想化叙事结束，这可能会让我们错失把一个还不错的体验变成一个令人惊叹的体验的真正机会（见原则41）。

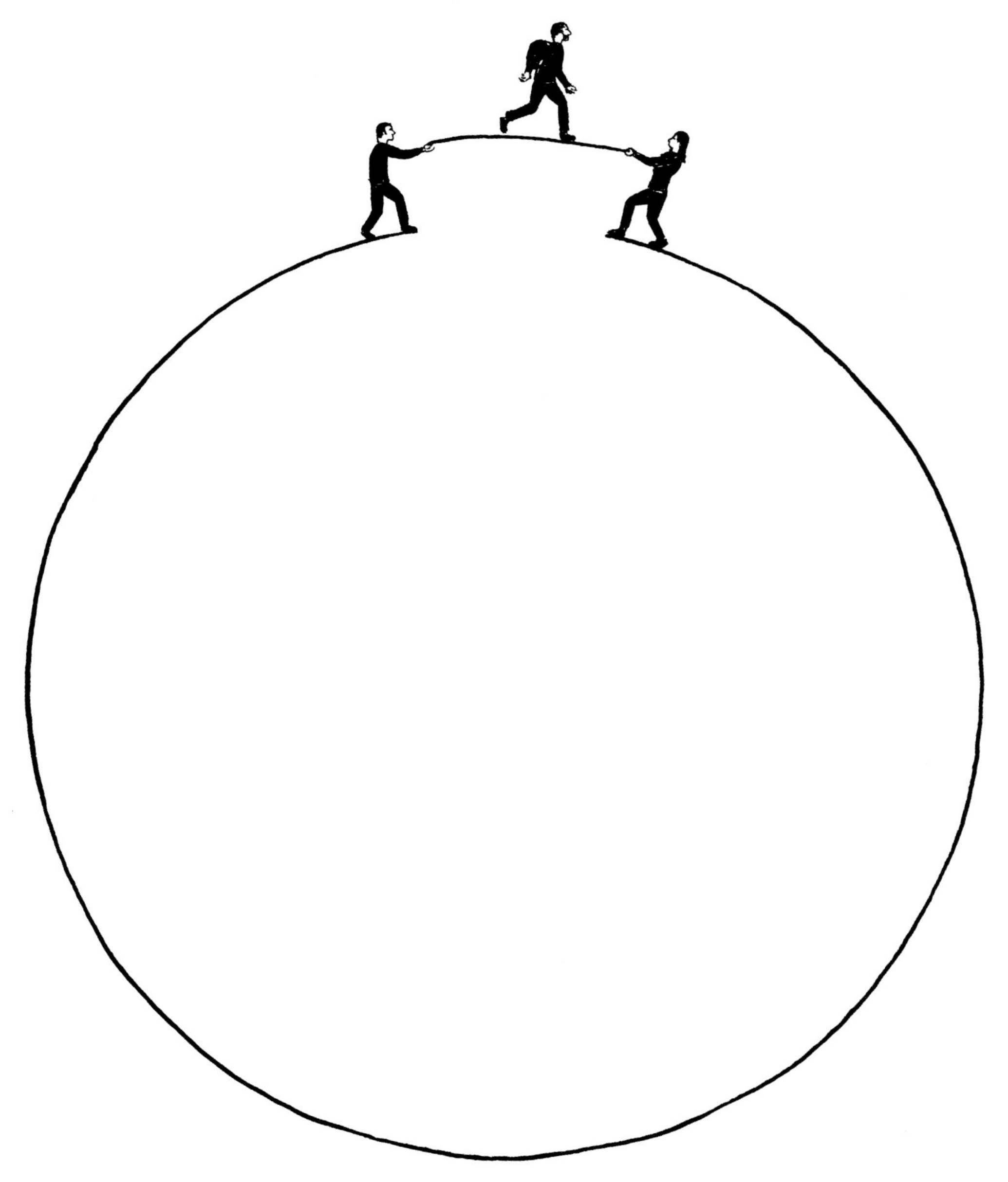

48

创建用户流程。

每学年开学时，我的许多学生（攻读交互设计硕士学位的学生）都不太明白用户旅程和用户流程之间的区别。这其实不是他们的错，这两个术语非常相似，除非你从事用户体验设计工作，否则单从名称上很难理解它们的区别。

下面我们就来看看它们的不同之处。在规划用户旅程时，我们要考虑产品的所有接触点。（如果我们继续以打车服务打比方，这将包括考虑使用打车应用程序、实际订车、上车、下车，甚至与服务互动。见原则47）。然而，用户流程只描述了用户在应用程序内的体验，不包括应用程序外产品的整个生态系统。

用户流程通常用图表来表示，图中显示了用户在界面内为完成目标而必须采取的行动。每个操作用矩形表示，每个决策点用菱形表示，它们之间用箭头连接，代表用户必须采取的方向。

用户流程除了显示通往成功的最快捷路径外，还映射出所有可能的替代路径，以了解哪些地方可能存在不必要的阻碍。一旦确定了这些阻碍，我们就可以为用户优化和简化特定的路径。

设定用户流程的好处在于，在我们设计任何用户界面或进行任何信息架构之前，只需花费很少的精力，我们就能鸟瞰用户可能使用的所有路径。另一个好处是，作为一种交付成果，用户流程非常容易理解，包括客户和开发人员在内的每个人都能理解用箭头连接起来的矩形所代表的含义。

遗憾的是，每当我们在课堂上讨论用户流程时，我的学生们都会目瞪口呆。他们中的绝大多数人更愿意研究屏幕布局，而不是这个抽象的示意图。如果每次听到学生说“我讨厌用户流程”，我就能得到5分钱，现在我已经可以退休了。但好消息是，使用用户流程的方法没有对错之分。只要项目中的每个人都能理解它们，并且能发现奇怪的阻碍时刻，你就做对了。

要从一开始就设计出通往用户目标的最有效路径几乎是不可能的。这就是为什么必须尝试各种方法，以确保整体用户体验建立在坚实的框架之上。用户达到目标的路径优先于用户界面设计或信息架构等通过视觉方面展现的工作。

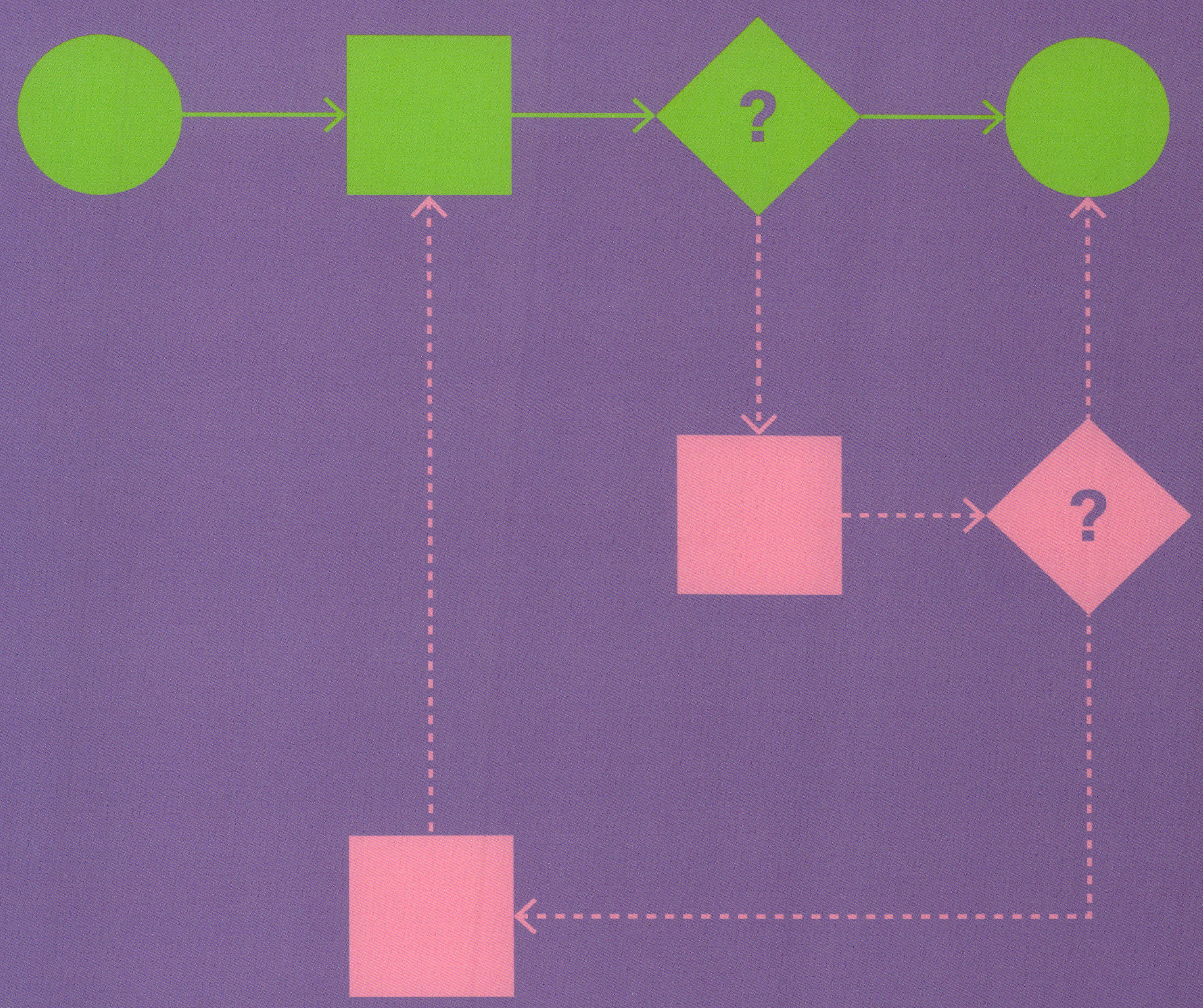

49

消除壁垒和障碍。

让我们深入探讨如何消除用户路径中不必要的摩擦、障碍和阻碍的一些具体方法。一个好的用户流程一次只规划出一个目标，它的标题总是有明确的起点和终点，并且只考虑如何缩短这两个特定点之间的路径（见原则48）。(例如，从订车到给司机评级）

由于我们是自左向右阅读的，因此满意路径（我们希望用户做什么）应始终沿着我们的自然阅读方向阅读，而备选路径（用户也可能做什么）应始终向上或向下分叉。这样，我们就能一目了然地看出满意路径有多快或多慢，以及所有备选路径有多简单或多复杂。

同样重要的是，要确保每个操作都标注清楚，切中要害，不要使用专业术语或包含不必要信息的过于冗长的标签。这样做不仅有助于确保所有受众都能理解所绘制的内容，还能让用户体验设计师轻松顺利地将工作往下进行。

现在，就流程图的可视化而言，任何形状或颜色都可以采用，只要它们在图例中标注清楚，并且统一。在我们工作室，我们使用以下惯例：

· 圆圈表示入口和出口
· 过渡箭头表示用户导航
· 绿色轮廓表示满意路径
· 红色轮廓表示备选路径
· 矩形表示备注
· 菱形表示决策

绘制出整个流程图后，就应该审查每个操作或决策点，找出不必要的摩擦点。您是否有办法以更快或更简单的方式到达流程的终点？如果答案是肯定的，并且您已经发现了一些可以优化或移除的步骤，那么就该用新缩短的路径更新用户流程了。然后再重新审核一遍，甚至可以再重复几遍。如此循环往复，直到没有任何需要删除的步骤，你也就找到了从*A*点到*B*点的最佳路径。

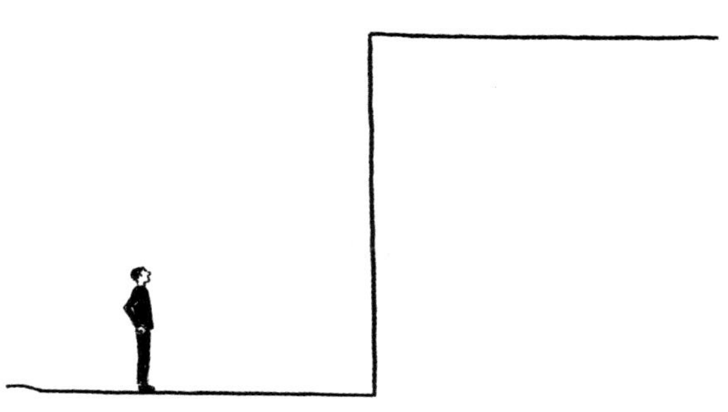

50

不存在的东西很重要。

在所有创意领域，没有的东西和有的东西同样重要。在时尚界，可可·香奈儿建议："出门之前，照照镜子，脱掉一件衣服。"在音乐方面，迈尔斯·戴维斯有一句名言："重要的不是你演奏的音符，而是你没有演奏的音符。"在设计方面，扬·齐休尔德指出："留白应被视为一种积极的元素，而不是被动的背景。"

在设计界面时也是如此。只不过，在用户体验的世界里，缝隙或空间指的是在特定交互过程中向用户展示功能和内容的方式。或者说，如何不向用户展示。这可能意味着在用户积极阅读时隐藏导航，折叠与当前任务无关的信息，或将内容分割成易于消化的小块，使其只包含表达要点所需的最低字数（见原则11）。

当用户只须浏览他们真正需要的功能和内容时，可用性和可视性就会立即得到改善，结构和导航也会更快被理解，目标和任务也会更快实现，总体而言，错误也会更少。此外，跳出率也会降低，留存率上升，人们往往会觉得网站或应用程序更加可信。

但是，我们不能简单地隐藏功能就算完事。事实上，如果我们决定压缩项目，就必须非常小心，确保选择正确的方法和可视化指示器，以免让用户感到混乱。因此，在决定隐藏某些功能之前，我们需要先问自己以下问题。

· 我们是否真正了解用户在这一交互中的意图？
· 我们是否隐藏了阻碍用户前进的东西？
· 是否有明确的指标指向隐藏的东西？
· 是否容易回忆起隐藏的功能？
· 我们是否测试过交互，以确保它能按照我们的想象运行？

有时，不展示功能与展示功能一样有价值。通过隐藏人们不需要的功能，我们可以帮助产品突出他们需要的功能。我们只须确保，无论何时我们决定隐藏不常用的功能，都会有易于理解的触发指示，而且不会无意中增加界面的使用难度。

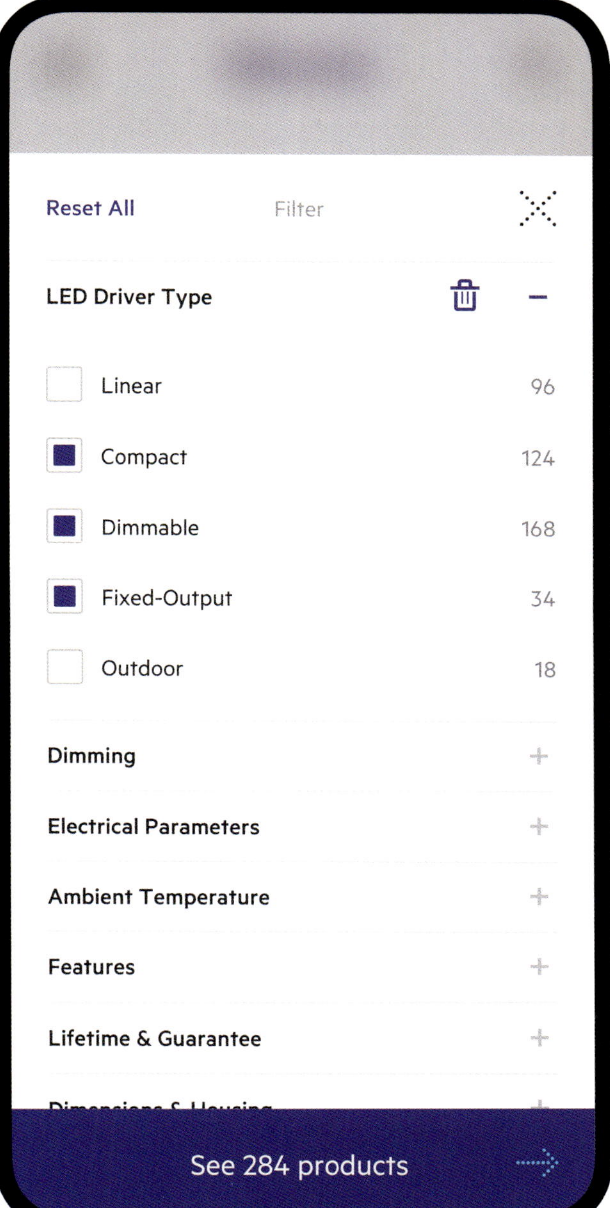

↑
这一原则的日常示例就是如何在默认情况下隐藏过滤器等功能，只有在用户需要时才会出现。图中显示的是奥地利照明元件制造商锐高（Zumtobel的姊妹公司）的两种不同移动设备显示状态。左边是默认状态，右边是过滤后的视图。

51

指向设备提供功能性。

人机交互（HCI）领域中的指向设备是指任何一种允许用户控制界面的输入设备。对于台式电脑来说，这通常是指鼠标。对于笔记本电脑来说，指的是触摸板，而对于智能手机和平板电脑来说，指的是我们的手指。但指向设备的种类还有很多。触控笔、操纵杆、轨迹球或Wii遥控器也是指向设备的一种。甚至还有一种特殊的眼镜，可以让我们用眼睛控制电脑。

1954年，早在20世纪70年代个人计算机革命之前，美国心理学家保罗·菲茨就建立了一个人体运动数学模型。该模型指出，距离越远，目标越小，人的身体击中目标所需的时间就越长。他证明，在所有人群中，无论使用哪种肢体（他甚至测试了嘴唇和脚！），在任何条件下（甚至在水下！），这一点都是正确的。

计算机研究科学家斯图尔特·卡德在一项比较不同指向设备性能的研究中，首次在人机交互中提到了这项工作。研究结果表明，鼠标在速度和准确性方面优于其他所有设备，因此施乐公司于1973年为其Alto计算机推出了鼠标。

如今，在确定界面的速度和效率时，用户体验常常会参考菲茨定律，以确保我们不会不必要地拖慢用户的速度。由于分散的小物件需要花费最长的时间来选择，因此在任何界面中，无论使用何种指向设备，确保效率的最简单方法就是让所有交互式项目尽可能大，将项目依次靠近，并在项目之间留出足够的空间。

例如，如果用户正在屏幕的一侧创建一个新的日历事件，我们不希望他们为了点击确认按钮而将鼠标移动到屏幕的另一侧。或者，如果用户右手拿着移动设备，我们也不希望强迫他们将拇指移动到屏幕右上方，以发送他们正在屏幕下方书写的信息。

有意义的动作应该占用有意义的空间。在确定在何处放置交互元素之前，我们首先需要考虑使用环境，并确定哪些指向设备适用（见原则84）。这样，我们才能确保界面尽可能高效，并真正符合用户的目标和实际情况。

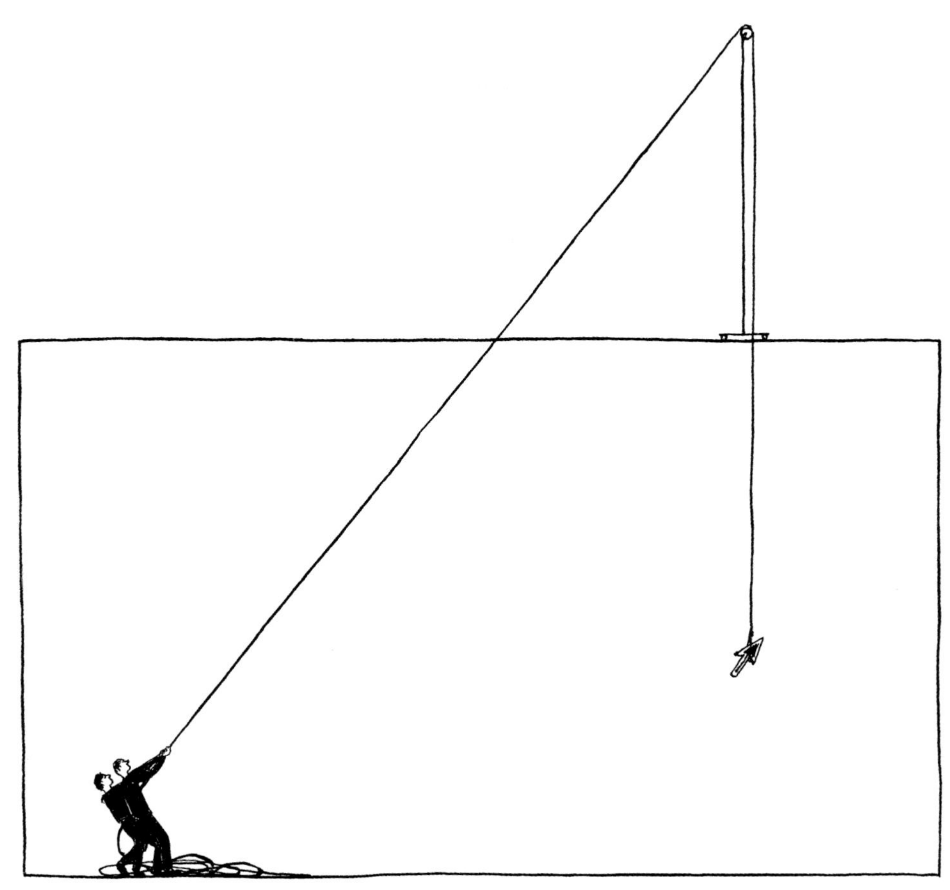

大多数推销设计
在推销伪科学骗

研究的公司都是

司。

52

设计不可能完全客观。

1972年，荷兰平面设计师维姆·克鲁威尔和扬·范·托恩在阿姆斯特丹市立博物馆（Stedelijk Museum）的配楼里，就是客观性还是主观性在设计中起作用展开了辩论。克鲁威尔支持平面设计师是理性客观的服务提供者，而范·托恩则认为这种客观性不仅不可能实现，而且会对社会造成伤害，因为个人的表达方式能更有刀地传达信息。

虽然平面设计已经不再有这样的争论，理性和个人表达都得到了认可，但这场争论在50年后的用户体验设计领域依然存在。客观性通常被认为是用户体验设计的理想状态。研究方法（可用性测试、人种学研究、卡片排序练习等）的目的是得出一个经验主义的客观设计，设计师的个人喜好被公认的看法所取代。这是科学。

但事实并非如此。大多数推销设计研究的公司都是在推销伪科学骗局。

我看到过一些研究得出的结论非常可疑，因为这些研究只向少得离谱的少数人提出了引导性问题。我还见过设计师测试自己产品的可用性，结果总是偏向正面（见原则97）。所有这些研究都非常昂贵，耗费了大量的时间，而且往往给予比基于直觉和经验的设计决策更多重视。

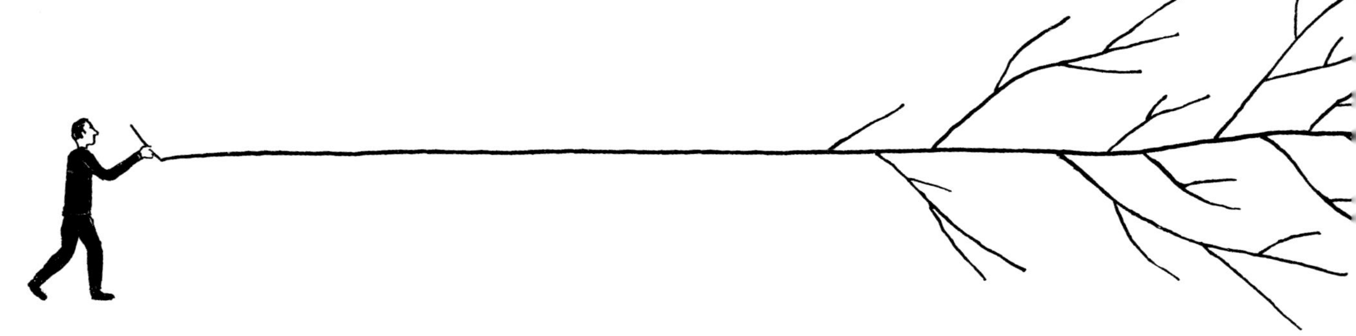

我不是说不要做研究，我们工作室也做研究。但我们不要假装研究是科学的，也不要假装研究的结果是客观的。研究可以为设计提供信息，消除你自己的一些偏见，但它并不能提供绝对的真理（见原则53）。指导研究和解释结果的仍然是人，因此无法完全消除他们自己的偏见。

对客观性的强调缩小了我们的视角，让我们的思维变得不那么自由，不那么开放，不那么有创造力，也不那么人性化。我同意范·托恩的观点。让我们接纳不同的个人观点和特异观点的多样性。倾听我们的直觉，承认我们过去的经验，并将我们人类的全部经验带到现有的设计中，这是我们作为设计师的最大优势。

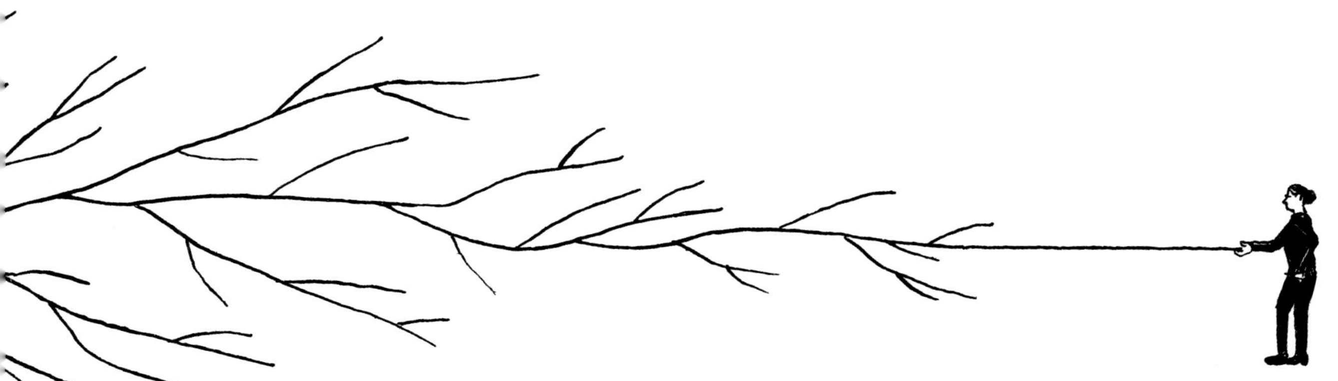

53

大多数设计中所指的科学都是扯淡。

是什么造就了伟大的设计？有办法衡量它、量化它、证明它吗？有办法确保它的实现吗？简短的回答是，有，但不一定有。而这并不是企业喜欢听到的。大多数企业都不想在无法证明的事情上投入大量资金。为了安抚怀疑者，让作品获得批准，设计师们油嘴滑舌地推销他们的研究方法，以得出能让他人信服的数字。

经济学家哈耶克称其为“科学主义”，哲学家卡尔·波普尔称其为“对被广泛误认为是科学方法的模仿”。“研究表明！”这句话利用了企业对确凿数字的极度推崇，因为向那些无论如何都无法正确评估研究的人推销，这是让任何反对者闭嘴的最快捷方式。

那么，我们是否应该不做任何研究呢？不，我们应该这样做。如果我们不了解最终用户，就不一定知道该创造什么。了解他们和他们的使用环境有助于确定重点并验证我们的决定。但这永远不会是一门精确的科学，也不会告诉我们该做什么或如何引导。

在我们的工作室，所有项目开始时我们都会向自己、潜在用户和利益相关者提出很多问题。老实说，由于我们会根据自己的假设和直觉做出有偏见的决定，因此设计研究并不是一门科学。它是一个高度主观的发现过程。我们发现事物是为了扩大我们的理解。这没关系。无法量化的事实并不能抹杀这项工作的价值。

设计需要客户和设计师双方鼓足勇气。好的设计来自于一个非线性的、直观的、不可复制的（我更认为是神奇的）过程，而这个过程来自于一个才华横溢、富有同理心的设计师（见原则52），接受这一点需要勇气。作为设计师，一旦我们对某件事情有强烈的感觉，能够清楚地表达并论证这一点，比躲在“研究表明！”的背后更有助于项目的成功。

作为设计师，我们需要更加诚实地对待优秀设计所涉及的复杂性、创造性和不确定性。假装设计是某种可量化的艰深科学（这意味着它可以被任何能够获得完全相同数据的人复制），实际上是对设计师角色和我们获得伟大设计所经历的过程的一种伤害。

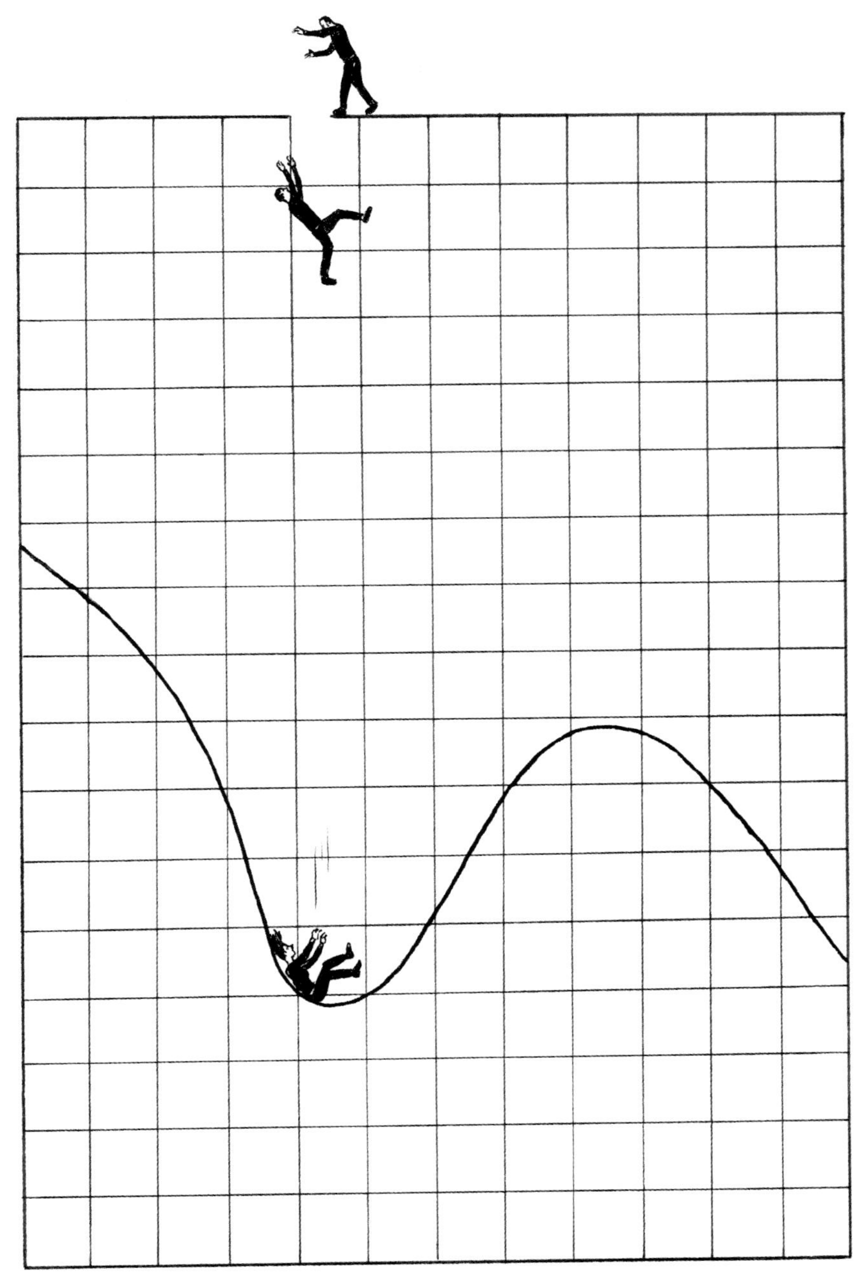

54

做足够的研究。

至于要做多少研究，什么时候做，这取决于项目的具体情况。一个极端是根本不做任何研究，这是一个糟糕的想法，因为你可能根本不知道要解决什么问题。另一个极端是对每一种颜色、短语、图像和设计决策都进行可用性测试，这将耗费大量时间，而且不会给直观的设计决策提供任何空间。

就在我写这篇文章的时候，我还在泰国曼谷给硕士生讲授交互设计课程。在课程中，我把全班分成若干小组，给每个小组完全相同的任务。这样做的目的是让学生们通过足够的研究，提出一个解决方案。

他们被要求为一款原生iOS应用程序出谋划策，让泰国的背包旅行变得更轻松。简介指出，这款应用程序应能解决一个特定的痛点，且不会让用户脱离旅行体验。目标受众是年龄在18～24岁之间的背包客，他们可以独自旅行，也可以与朋友结伴旅行，每天的预算低于25美元，旅行时间为两个月或更长。

在开始之前，学生们会得到以下假定的痛点，并要求他们在稍后与潜在最终用户交谈时对这些痛点进行验证和补充。

· 单独游览可能太贵
· 发现安全、健康、便宜的饮食很难
· 与朋友一起旅行时，很难让每个人都同意做什么
· 很难与泰国当地人取得联系
· 很难不走寻常路

一旦学生们收到了这份简介，他们的问题也得到了解答，他们的第一个练习就是查看向他们发送简介的公司当前的生态系统（见原则55）。

55

绘制生态系统图。

数字产品可以单独存在，但通常是更大生态系统的一部分。在我的学生开发的背包客应用程序（见原则54）中，我们设想客户的生态系统还包括实体指南和地图、网站、各种社交媒体渠道、常用泰语短语应用程序和行程规划应用程序。

首先要分析公司当前的所有产品及其之间的联系。这样，我们就能深入了解如何利用新的和现有的资产，了解各产品之间是否有连贯的战略，并确定一旦添加新产品，生态系统的哪些部分会受到影响。

人们会使用各种不同的产品来实现不同的目标。用户只能通过移动设备访问生态系统中的哪些产品？他们在什么时候会转向社交媒体？他们会使月网站做什么？实体产品或生态系统中的任何其他应用程序会怎么样呢？它们何时发挥作用？

绘制生态系统图的好处在于，它可以从鸟瞰图的角度展示所有事物之间的关系。对于客户来说，这也是一面镜子，因为它揭示了他们的整体产品战略（或缺乏战略）。在我们开始提出建议之前，了解所有东西是如何组合在一起的是非常重要的，否则我们就有可能重复现有的功能，或者更糟糕的是，蚕食生态系统中现有的重要产品。

由于生态系统分析涵盖了客户数字战略的全部内容，因此这样做是一个很好的开始。当我们需要开始规划竞争分析、确定用户角色、优先考虑功能，甚至需要更清晰地规划用户旅程时，我们都可以回到生态系统进行分析。

一旦我们对客户的生态系统有了深入了解，下一步就是查看客户可能提供的任何现有数据、统计或分析（见原则56）。

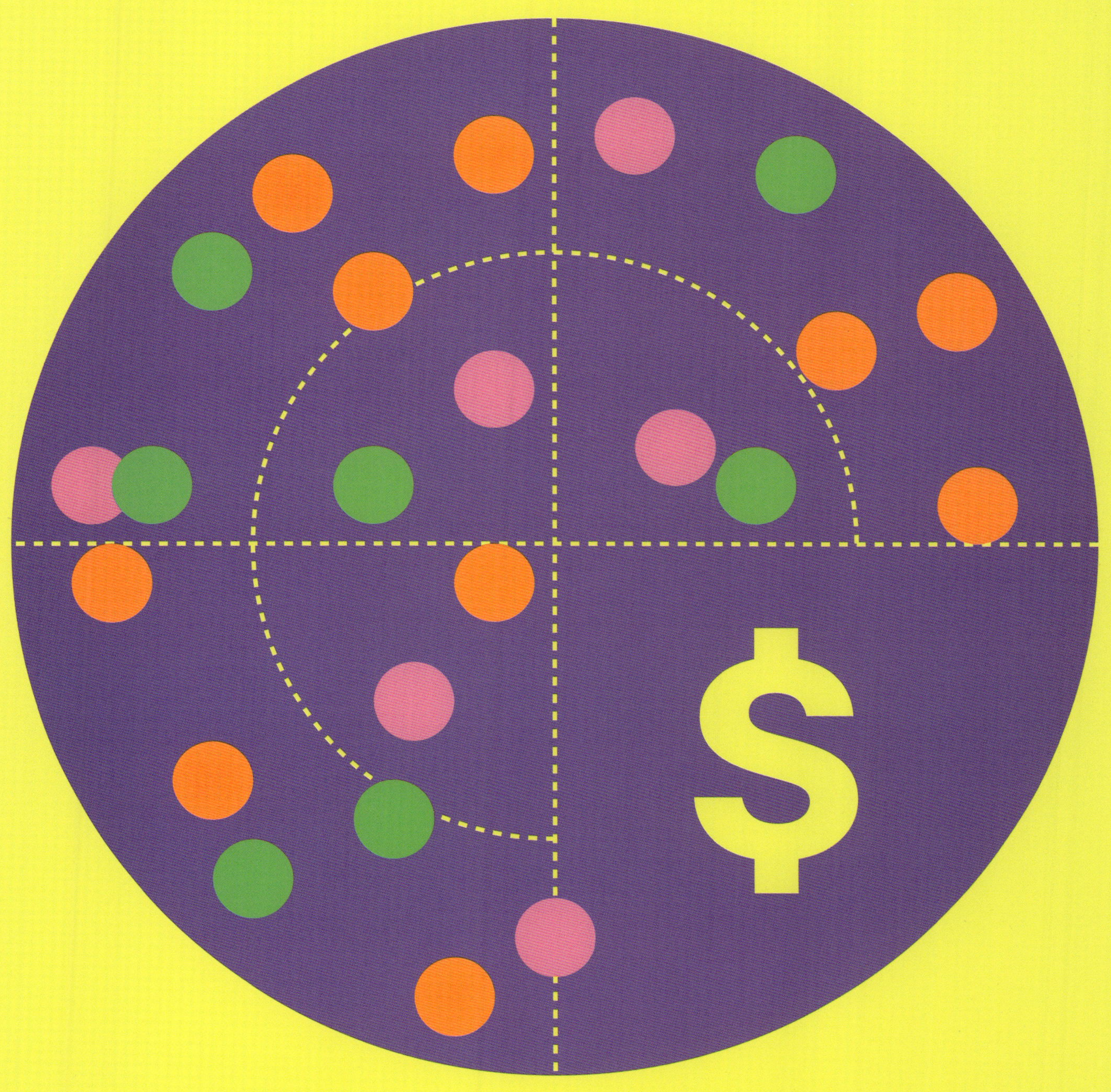

56

研究数据。

一旦绘制了生态系统图（见原则55），就应该查看现有数据并与客户的营销部门（营销人员）进行沟通。并非所有公司都有可靠的数据，这是因为可靠的数据需要至少在市场上销售了几年的稳定产品。例如，刚刚发布第一款产品的初创公司（除了手头没有大量额外资金来正确衡量用户行为外）很可能没有足够稳定的用户群来进行调查。

如果我们运气好的话，公司的市场营销部门会很好地跟踪单个产品的表现，并掌握相关数据。他们能够告诉我们过去哪些产品对客户有效，哪些产品对客户无效，以及他们计划如何实现业务目标。如果我们运气不好，数据源就会混乱、无序或不存在。如果是这样，这也不是世界末日，我们必须通过自己的研究来弥补这一差距。

说到数据，我们通常会要求客户提供所有数据，并为客户创建一个在线存储库，以便客户将其可能拥有的所有信息或报告转存到该存储库中，包括转换率、参与度、产品使用时间、功能使用情况、以往的营销活动、网络流量、新客户与老客户、品牌知名度、搜索引擎优化、谷歌分析、数字营销计划、设备使用情况、每次获取成本、投资回报率等。

我并不自称是营销专家，而且其中大部分内容与我们的项目并无太大关系，但至少了解营销方面的情况是很重要的。这并不是因为我们的工作就是优化市场营销部门的指标，而是因为这些报告和数据可以帮助我们更全面地了解客户和用户的行为。

除了阅读所有报告外，我还在网上进行了一些调查。拿着生态系统图，我查看每个产品的评论和意见。这通常是我获得最多“顿悟”的时刻。仅仅通过一个小时点击少量评论，我们就能收集到如此多的见解，真是令人惊叹。

需要注意的是，数据本身几乎毫无用处。这并不是要收集尽可能多的数据，然后就收工。这也不是要把数据当作法律，并以此为基础做出未来的每一个决定。而是要帮助我们在进行任何用户研究之前，从整体上了解用户需求。

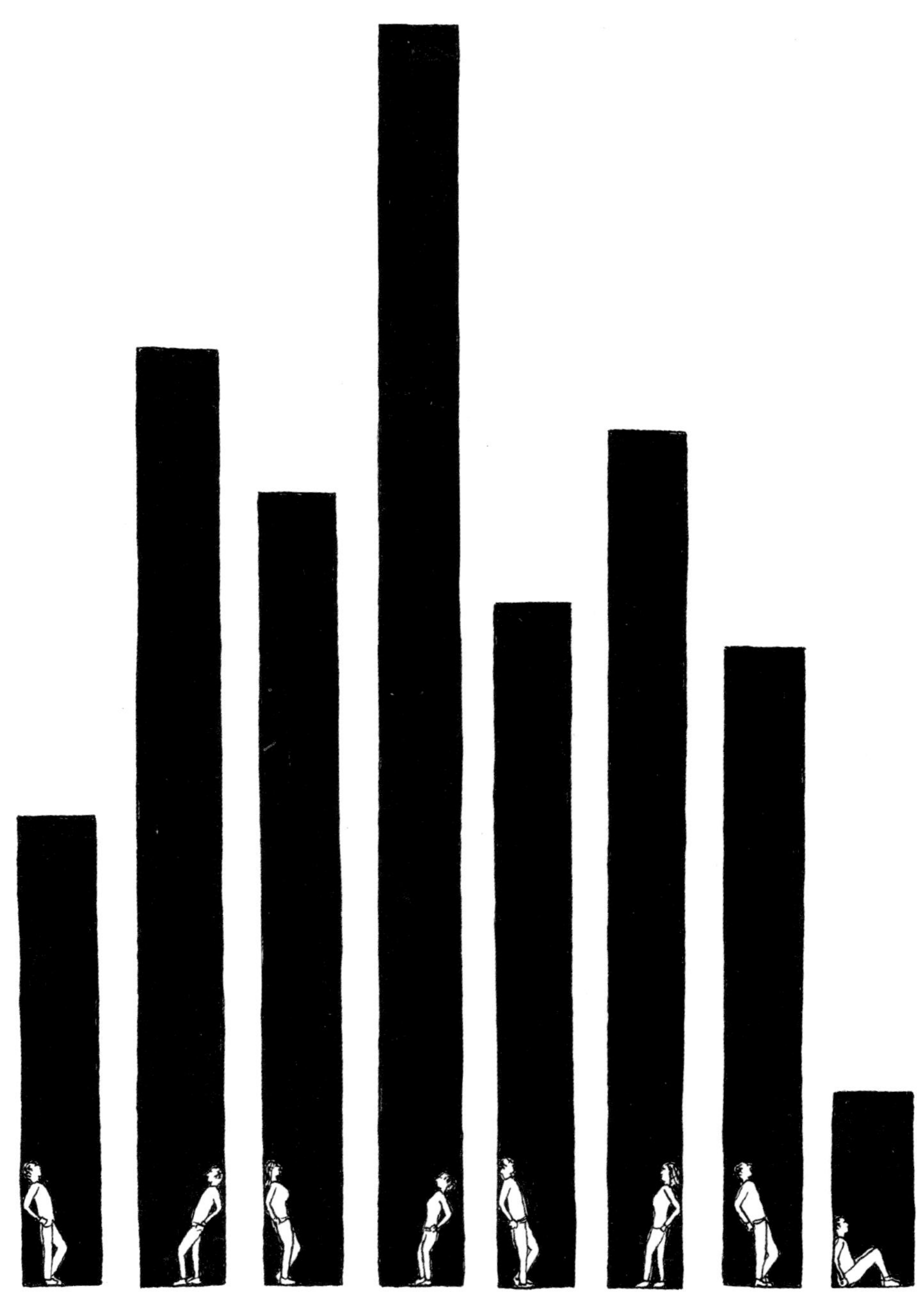

57

并不是所有重要的事情都能计算出来。

威廉·布鲁斯·卡梅伦1963年出版的《非正式社会学：社会学思想入门》一书中有这样一段话："如果社会学家需要的所有数据都能列举出来，那该有多好，因为这样我们就可以像经济学家那样用IBM计算机运行这些数据并绘制图表。然而，并非所有可以计算的东西都能算出结果，也并非所有数据都可以计算。"

说到用户研究，有两种方法：一方面是无法计算的定性研究，如通过人种学研究和访谈观察行为；另一方面是可以计算的定量研究，如调查、A/B测试和民意测验。因为是人类而不是数字在向我们讲述故事，所以定性用户研究在用户体验中要重要得多。让我们从这里开始。

在我要求学生制作一款帮助背包客在泰国旅行的应用程序时，他们必须在野外观察背包客，与他们交流，融入他们所处的环境，并对他们进行采访。这样，学生们就能真实地了解背包客的实际需求和痛点，而不仅仅是他们想象中的需求和痛点。

首先，他们必须在考山路（又称曼谷背包客中心）的某个地方观察。观察地点可以是旅店内、繁华街角或咖啡馆。他们必须用手中的纸笔写下自己的观察结果。例如："好像所有的包都扔在一起。不存放吗？安全吗？方便吗？""人们的社交活动似乎更多了，在设备上花费的时间也不多了。""街上唯一的信息亭前排起了长队。"

这种人种学研究源于人类学，用户体验设计师将其应用于用户研究和产品开发。与大多数用户体验成果一样，人种学研究没有对错之分。只要我们能在用户的真实生活环境中了解他们，揭示他们的见解，我们就做对了。

一旦学生们通过观察发现了一些痛点，他们就可以提出访谈问题（开放式的，以便于切入），确定访谈对象（不忙的人），并找到进行访谈的地方（每个人都能坐下来互相倾听的地方）。在大约三十分钟的采访过程中，一名学生进行采访，另一名学生做记录。

经过大约十五次用户访谈后，学生们必须确定背包客的需求、习惯和态度，并总结和记录他们的发现，从而提出假设。一旦完成，他们就必须决定要通过定量方法来验证什么（见原则58）。

58

测试统计的通用性。

通常情况下，定量研究是在已有设计或产品需要进行可用性测试时进行的。其中一个例子是A/B测试，即测试一个设计的不同布局，看哪一个表现更好。或者，我们可以使用定量方法来了解有多大比例的参与者能够在网站上成功找到某条信息，有多大比例的参与者不能。在这两个例子中，我们的目标都是提高现有产品或设计的可用性。

定量研究也可以在项目开始时进行，在我们开始设计之前，甚至在有产品之前进行。定量研究可用于验证或推翻在定性用户研究阶段收集到的见解（见原则57）、测试假设，或通过生成可转化为可用统计数据的数字数据来发现机会。

定量研究也可以在项目开始时进行，在我们开始设计之前，甚至在有产品之前。定量研究可用于验证或推翻在定性用户研究阶段收集到的见解（见原则57），测试假设，或通过生成可转化为可用统计数据来发现机会。

让我们回到学生的例子（见原则54）。在项目的这个阶段，学生们已经通过观察和用户访谈确定了背包客的需求、习惯和态度，现在是时候通过寻找50名背包客参与调查来检验他们的发现或假设是否具有统计上的普遍性了。

为了测量数字，调查问题必须是封闭式的，答案可以是多项选择。“选择旅舍时，安全有多重要？(高/中/低不考虑）。”“认识其他旅行者有多重要？(高/中/低不考虑）。”然后，一旦所有参与者都完成了调查，学生们就可以对回答进行统计，看看统计数据是否符合他们的假设或在用户访谈中收集到的见解，或者是否讲述了一个不同的故事。

定量研究是指收集数据、采用正确的分析方法并有效地展示结果。它有助于区分合理的结论和可疑的结论，提供更深入的理解，并说服那些习惯于根据确凿数据做出决策的业务利益相关者。然而，重要的是，永远不要把数据当作法则，而只是当作支持我们设计决策的东西。伟大的设计不是来自于对数字的追随，而是来自于我们的直觉。

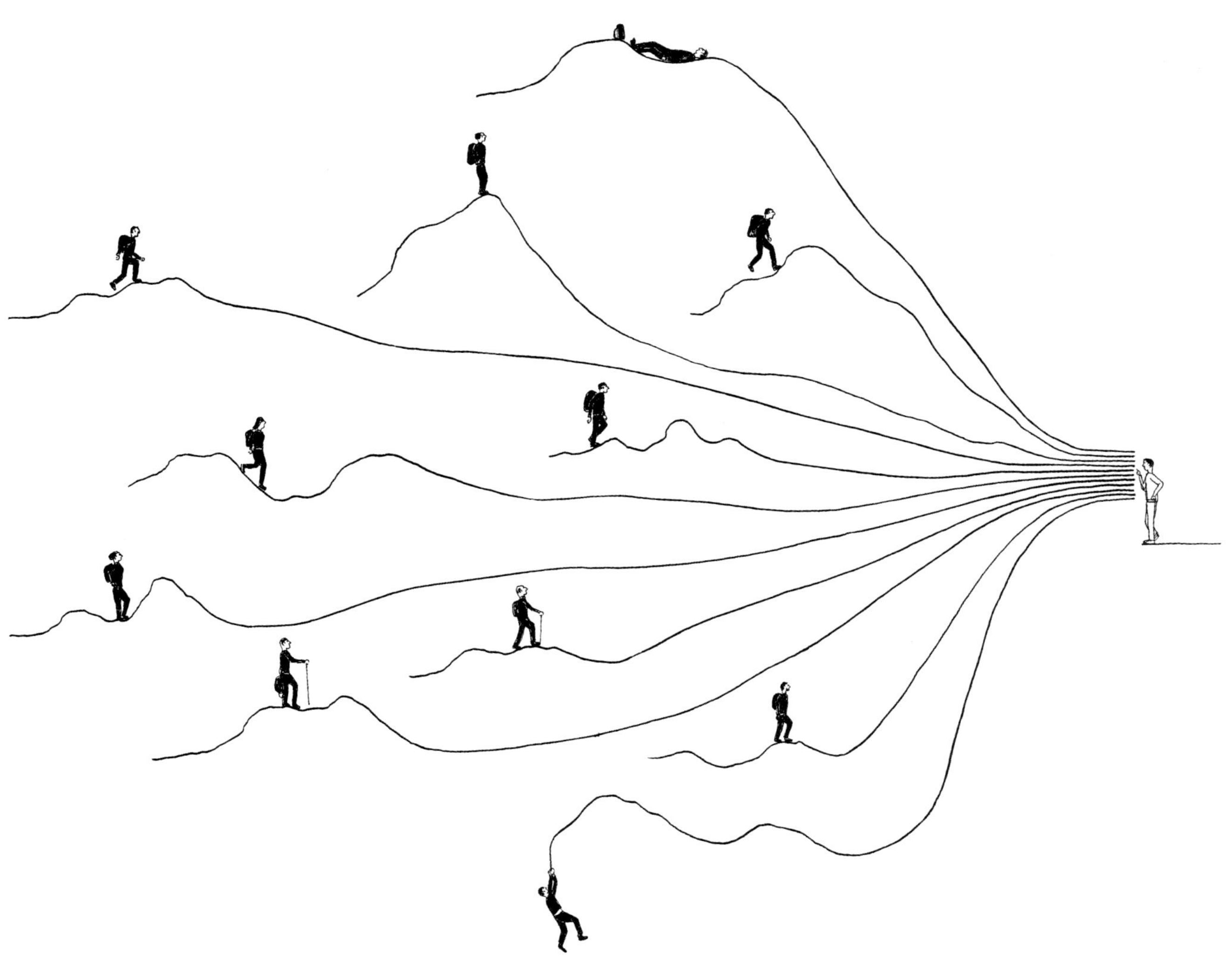

59

不要把“角色”建立在假设之上。

“18岁的查理和她在阿姆斯特丹的两个好友一起，开始了她为期一个月的泰国背包旅行。她想体验尽可能多的东西，并试图把尽可能多的景点和活动打包进旅行计划。她不太喜欢做计划，通常是朋友想做什么她就做什么。不过，她不喜欢浪费时间，而且由于她比朋友们起得早，她希望早上能自己做一些事情。”

以上是一个虚构原型或角色的例子，它基于先前的研究和真实数据，其特征代表了更多真实人群的需求、目标、行为模式、痛点和态度。如果方法得当，它们可以为设计决策提供依据，并帮助团队思考特定功能的可能情景，例如，在给定的情境下，查理会如何体验、做出什么反应或有什么行为，这与某功能有关？

创建这种行为快照最早出现在20世纪90年代的软件开发中，但直到1999年，在艾伦·库珀出版的《精神病院里的囚犯》一书中，“角色”一词和创建角色的方法论才被正式定义。从那时起，每个人都开始创建“角色”，麻烦也就从那时开始了，因为似乎并不是每个人都知道自己在做什么。

在我的职业生涯中，我接触过一些非常令人讨厌的“角色”，这些人物形象纯粹是基于猜测或非常肤浅的研究，其中包括大量无关紧要的信息，比如他们所谓的爱好、最喜欢的电影、喜欢吃的食物以及感情状况。谁在乎呢？这又不是什么创意写作练习。每当我不得不阅读与实际产品毫无关系的1500字的传记时，我都会尖叫。

但是，如果角色是建立在人种学观察、用户访谈、调查、民意测验、市场数据和使用数据的基础上，那么角色就可以帮助设计者发现以前不为人知的痛点、目标、需求、行为模式和对产品的态度。而且，由于人物角色有助于将枯燥的研究变为现实，习惯于将用户视为数字的客户能够更好地与现实生活中使用产品的人产生共鸣（见原则1）。

在最好的情况下，“角色”是用户体验团队发现问题的工具，也可以对其他产品设计人员起到提示作用，让他们知道我们是在为真正的人做这些事情。然而，重要的是要始终牢记，“角色”的作用是为设计决策提供信息，而不是强制决策。角色可以帮助我们指出正确的方向，但不能告诉我们如何引导。

60

与敌人保持密切联系。

无论我们想出什么设计或创意，很有可能别人已经创造出了类似的东西。除非完全离奇，否则几乎不可能创造出至少一个，甚至多个类似的设计。要想做出比别人更好的产品，首先要了解竞争对手的情况。

首先，我们需要弄清楚我们要比较的是什么。我们对可用性感兴趣吗？整体用户体验？具体功能？不管是什么，都要确定主要的比较标准，并确保进行“苹果与苹果”之间的比较，以了解产品与其竞争对手之间的差距。

选择4～7个产品进行比较是最理想的。没有精确的错误或正确的数字，只要不是太少导致结果近似或太多导致数据过多就行。

让我们回到学生的例子（见原则54）。假设他们正在开发一款应用程序，可以让背包客更轻松地计划团体活动。在这种情况下，他们应该找出旅游领域的所有直接竞争对手（专门用于帮助团体计划旅游的应用程序），同时也要关注能够在其他垂直领域进行团体计划的间接竞争对手（如帮助人们分担账单的应用程序）。

一旦确定了评估标准，以及直接和间接的竞争对手，就应该评估每个竞争对手的独特之处，行业标准是什么，所有竞争对手的共同特点是什么，以及在哪些方面可能存在创新空间。通过这项工作，可以了解如何才能获得竞争优势，以及如何才能制造出优于其他竞争对手的产品。

然而，所有数据的好坏都取决于分析数据的人。如果用户体验团队忙于研究竞争对手，他们可能会在不经意间创造出一些只是略胜一筹，但实际上没有创新的产品（见原则41）。竞争分析可以阐明如何才能赶上竞争对手，但并不能说明如何创新和领先。这就是设计直觉的作用所在。

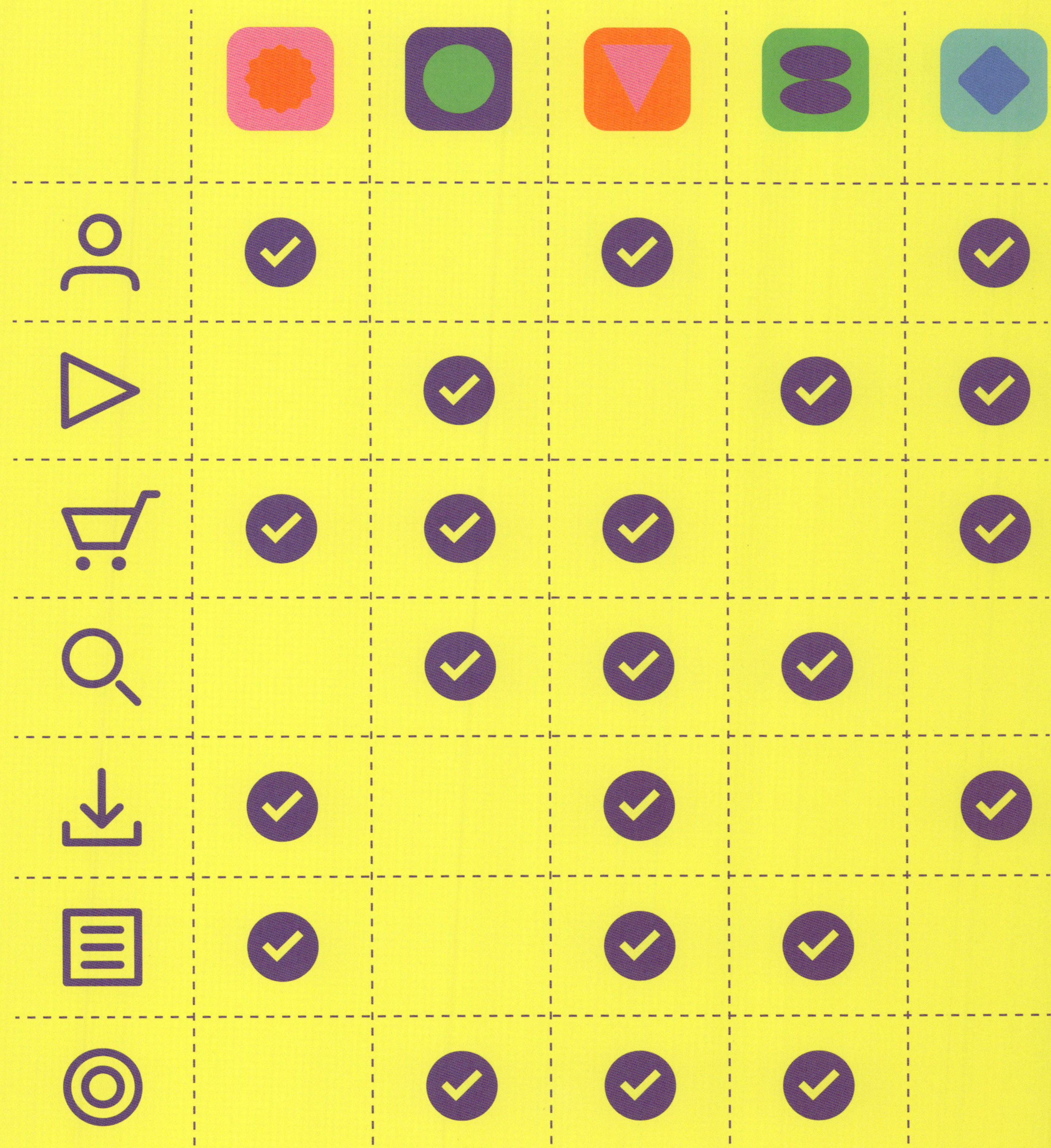

61

从坏的例子中吸取教训。

我们可以从那些使用起来令人讨厌的设计中学到很多东西；这就是为什么在考察竞争对手时，深入一步对整个流程进行启发式分析会很有帮助（启发式分析源于古希腊语，意为“发现”，它使用规则或有根据的猜测，根据直观判断找到特定问题的解决方案）。与可用性不同，启发式审核是由用户体验设计师（或多人）在设计前对整个流程的可用性进行测试。

每当我进行启发式审核时，我都会先列出我使用哪种设备或浏览器进行评估（因为不同的浏览器或设备会以不同的方式呈现信息），以及我试图完成哪项任务（例如，退货、订车服务或申请奖励积分），然后我就会进入竞争对手的应用程序或网站，并尝试完成该目标。

对于这种类型的分析，我只想找到那些不起作用、令人讨厌、耗时过长、干扰我、使我困惑或阻碍我继续工作的东西。当我遇到可用性差的问题时，我会截图，把截图放到Keynote文件中，并根据以下标准对每个可用性失败的例子进行评分。

· 仅视觉设计失败（例如，按钮看起来无法点击）
· 轻微可用性问题（例如，按钮没有放在最合理的位置）
· 主要可用性问题（例如，按钮过多且标签不清晰）
· 可用性灾难（例如，无法从错误中恢复）

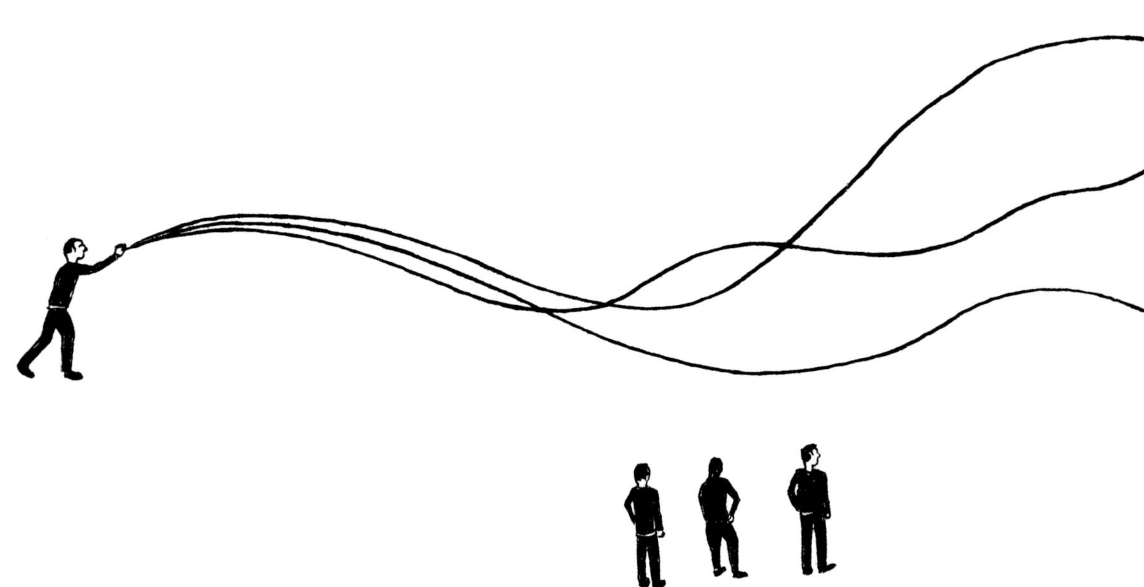

虽然我通常不会与其他团队成员或客户分享最终结果，但我会确保所有内容都记录在案，以备日后参考。

了解竞争对手的用户流程和不足之处，可以轻易地避免我们自己设计中潜在的使用阻碍和可用性问题，我们可以设计出更优越的流程或体验（见原则60）。除此之外，还提醒我们不要犯相同的错误。

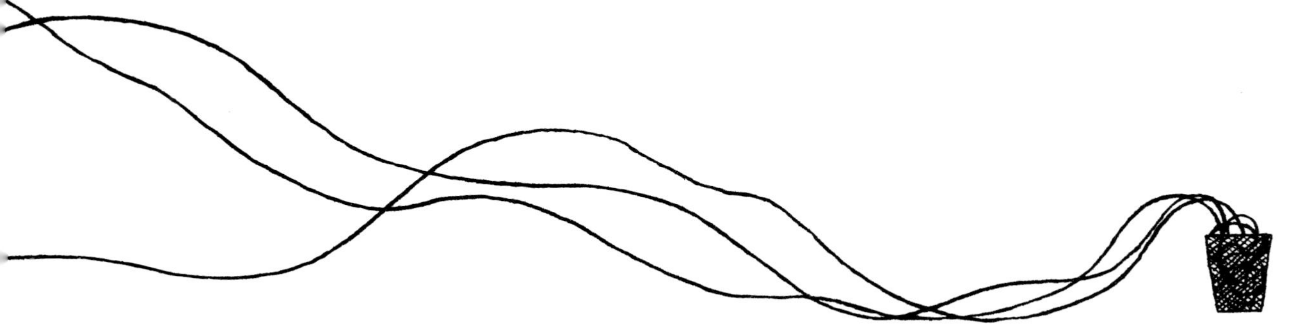

62

让期望对你有利。

1943年，苏格兰心理学家肯尼斯·克雷克提出，人们的头脑中存在着一个关于世界如何运作的小规模模型，他们用这个模型来预测事件并形成解释。这些现实模型是根据个人的生活经历、感知和对世界的理解构建的，它们允许我们过滤和存储新信息，以预测未来的类似事件。

为什么？因为人们会利用已有的心智模型与界面进行交互，而这些心智模型不仅是基于他们在现实世界中的经验，也是基于他们之前与每一个界面交互的所有经验。因此，要毫不费力地创造出界面，就必须了解用户是如何构思、分类以及对周围的物理和数字世界的行动习惯。

当我们在设计大都会博物馆网站时，我们想了解的不仅是人们如何对艺术品进行分类的，而且想了解博物馆对于特定时间发生的其他活动是如何进行分类的。我们想确保创建的设计系统（尤其是全局导航）能够支持人们对现实的现有认知表述，并让系统建立在他们先入为主的观念和期望之上，而不是强迫他们学习新的观念和做出新的期望。

但是，揭示人们的心智模式并非易事。由于我们设计师通常不是目标受众，因此我们不能根据自己的心智模式来做决定，而且我们也不能仅仅通过询问来了解人们内心对世界的描绘，因为根据阿吉里斯和舍恩1974年的“行动理论”研究，人们说的和做的是不一样的。

通过应用各种用户体验研究工具，可以揭示人们是如何理解他们周围的物理世界和数字世界的。我最喜欢的方法是卡片分类法（见第63条原则），这是最快速、最简单的方法。

63

发现共识和模糊之处。

卡片分类是一种研究方法，它能让我们发现人们现有的心智模式，从而帮助我们设计或评估网站的信息架构。卡片排序是指制作一组卡片，每张卡片代表一个概念或项目，然后要求人们以对自己有意义的方式对卡片进行分组。

但在开始卡片分类之前，我们需要制定一个计划。有多少人参加？是一对一，还是小组？在哪里进行？我们要学习什么？

由于大都会博物馆正在对其现有的整个信息架构进行全面改造，因此我们的目标是了解人们在任何特定时间是如何对博物馆内发生的任何事情进行分类的（见原则62）。为了获得不同心智模式的样本量，我们招募了25名不同年龄和能力的参观者，包括单独参观者和团体参观者。

85个博物馆主题分别写在索引卡片上，要求参与者将所有卡片归类并组织成对他们有意义的组别。如果分组中的卡片过多或过少，我们会鼓励他们将其分解成更小的组或合并成更大的组。完成后，他们会得到一支记号笔和一张空的索引卡，并要求他们在各自的组上贴上标签。

在整个练习过程中，我们提醒他们大声地分享自己的思考过程，这样我们就能了解他们对自己的决定是有信心还是没有把握。这也让我们听到他们是如何查阅事物的，某些小组是否难以创建，或者某些主题是否难以归入小组。

所有卡片分类工作完成后，我们将所有类别放入电子表格，并突出强调共识（大多数人创建的标签和分组）和模糊（不同人将卡片归入不同类别）。然后，我们将这些见解用于博物馆新全球导航系统的设计。

看到和听到人们组织信息的方式是跳出我们自己的思维模式的好方法。它还能帮助我们了解用户希望系统如何运行。卡片分类并不需要花费很多精力，但如果方法得当，所呈现的快照可以帮助我们设计出一个不仅能预见用户期望，甚至可能超出用户期望的导航系统。

→
展示大都会博物馆导航用户界面的主屏幕。它以信息架构为基础，而信息架构则是在博物馆现场内，让实际参观者进行卡片分类后得出的。

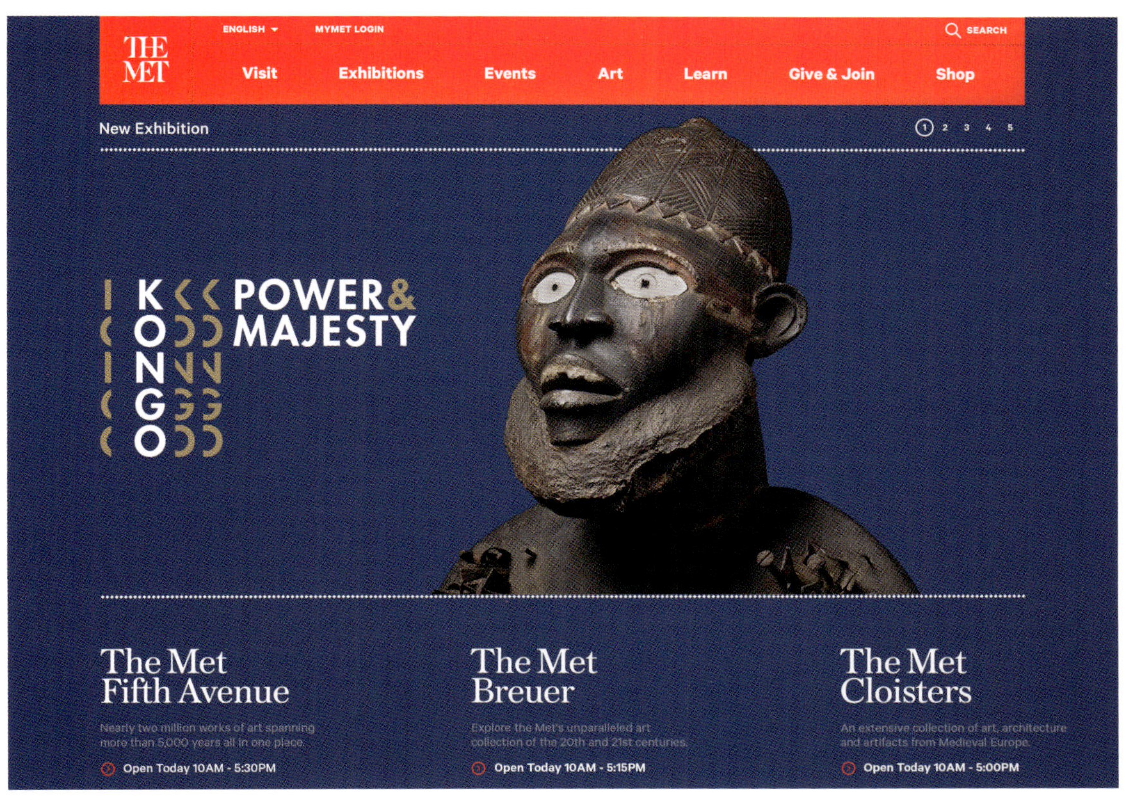

THE MET
ENGLISH
MYMET LOGIN
SEARCH
Visit
Exhibitions
Events
Art
Learn
Give & Join
Shop
New Exhibition
KONGO
POWER & MAJESTY
The Met Fifth Avenue
Nearly two million works of art spanning more than 5,000 years all in one place.
Open Today 10AM - 5:30PM
The Met Breuer
Explore the Met's unparalleled art collection of the 20th and 21st centuries.
Open Today 10AM - 5:15PM
The Met Cloisters
An extensive collection of art, architecture and artifacts from Medieval Europe.
Open Today 10AM - 5:00PM

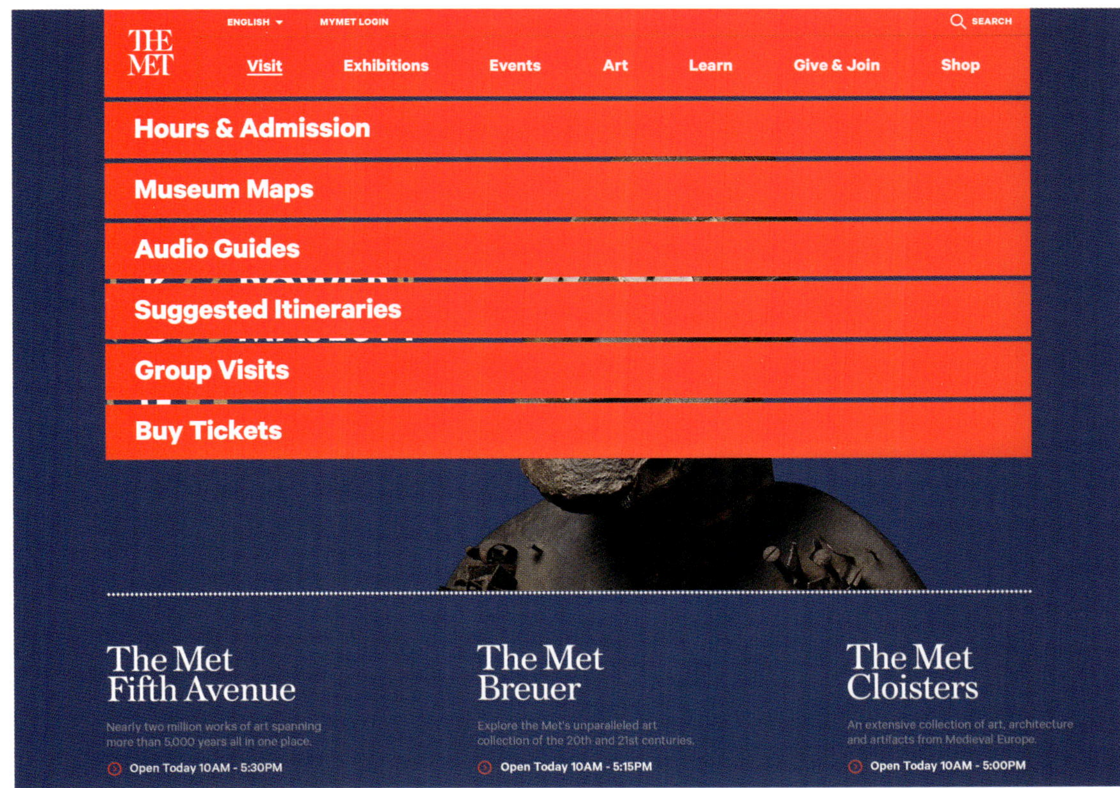

THE MET
ENGLISH
MYMET LOGIN
SEARCH
Visit
Exhibitions
Events
Art
Learn
Give & Join
Shop
Hours & Admission
Museum Maps
Audio Guides
Suggested Itineraries
Group Visits
Buy Tickets
The Met Fifth Avenue
Nearly two million works of art spanning more than 5,000 years all in one place.
Open Today 10AM - 5:30PM
The Met Breuer
Explore the Met's unparalleled art collection of the 20th and 21st centuries.
Open Today 10AM - 5:15PM
The Met Cloisters
An extensive collection of art, architecture and artifacts from Medieval Europe.
Open Today 10AM - 5:00PM

糟糕的用户体验
整的品牌形象，
界面则会让人立

甚至会破坏最完

而不恰当的用户

刻失去兴趣。

64

高效集思广益。

亚历克斯·奥斯本于1948年出版的《你的创造力》（Your Creative Power）一书中重新定义了“头脑风暴”一词，在此之前，头脑风暴意味着你突然精神失常。这就是为什么他们差点把这种方法叫作“思想激励”。显然，他们没有这么做，因为我猜他们意识到，“我们去会议室洗个思想澡吧”，听起来更像是你在清洗你肮脏的思想，而不像是一种能让团队在短时间内提出许多想法的方法。

随着这本书的发行，头脑风暴法风靡全球（不是双关语），在广告业之外也大受欢迎。每个行业和组织都将头脑风暴法作为产生创意的一种方法。从政治战略到援助工作，再到提出新的商业创意，现在所有的一切都始于头脑风暴。

然而，参加过无休无止、毫无成果的头脑风暴会议的人都知道，头脑风暴是一种巨大的时间浪费。因为与一群毫无准备的人耗费数天时间，你将一无所获。当然，我们会有满墙的便签，因为“每个想法都是好主意”，但我们不会有任何真正的解决方案。

要成功地进行头脑风暴，我们只需要三样东西：一个小时的独立思考时间、一个小时的集体思考时间和一本素描本。就是这样。

在我们的工作室，每当我们开始一个项目时，安东和我首先会单独阅读项目简介。我试着提炼一些早期的问题陈述，作为我思考的基础（见原则41），在我们一起讨论任何解决方案之前，我们都试着提出一些想法。这样做的原因是，在头脑风暴之前，至少要准备好一些想法。

然后，我们用一个小时的时间，一边画草图，一边相互借鉴对方的想法。安东说的话可能会激发我的灵感，而我说的话可能会让安东想到别的东西。我们这样做已经很多年了，但在我研究这本书的过程中，我发现这种方法有真正的科学优势。研究表明，为了产生更有创意的解决方案，我们应该边说话边画草图，因为这会刺激大脑中专门用于视觉处理的部分，为我们的创意提供额外的动力。

一个小时结束后，我们会总结刚才讨论和勾画的所有内容，找出有潜力的部分，然后回到电脑前，努力把它做出来。一天结束时，我们会看看彼此的进展，然后为第二天开始的设计制作做出具体的决定和计划。这其实没什么神奇或复杂的。

65

达成共识。

如果你向100个不同的工作室询问他们如何向客户展示设计的流程，你会得到100个不同的回答。有些人会说，让客户在头脑风暴阶段就参与进来是有意义的，这样可以尽早获得他们的支持，甚至可以邀请他们共同创作；有些人则建议只向客户展示接近完成的用户界面设计，因为他们无法根据看起来不真实的东西做出决定。这两种想法都不好。原因就在这里。

让我们从那些在项目一开始就让客户参加神奇共创头脑风暴研讨会的公司说起。他们会让客户花上几天时间，一边在墙上贴便条，一边在豆袋上吃高档午餐。很显然，这样做并没有什么实际效果，但他们的想法是，通过花一两周的时间在工作室里装模作样，他们就能在早期吸引客户，希望这能让创意团队在日后的决策中拥有更多自主权。

另一个极端是，有的公司会秘密工作数周甚至数月，最后做一个盛大的发布会，首次向客户展示整个流程的用户界面设计成品。这种方法也行不通，因为如果没有事先的认同或共识，设计被拒绝的可能性会大大增加。

事实上，获得客户的支持比这简单得多。我们所需要做的就是清楚地传达我们的设计流程，明确指出我们在哪些方面需要客户的意见和原因，并尽快展示风险最高的交付成果——信息架构和完整的用户界面设计中的五个关键屏幕。一旦我们通过了这道关口并得到了客户的认可，信任就建立起来了，项目的其他部分就会顺利进行。

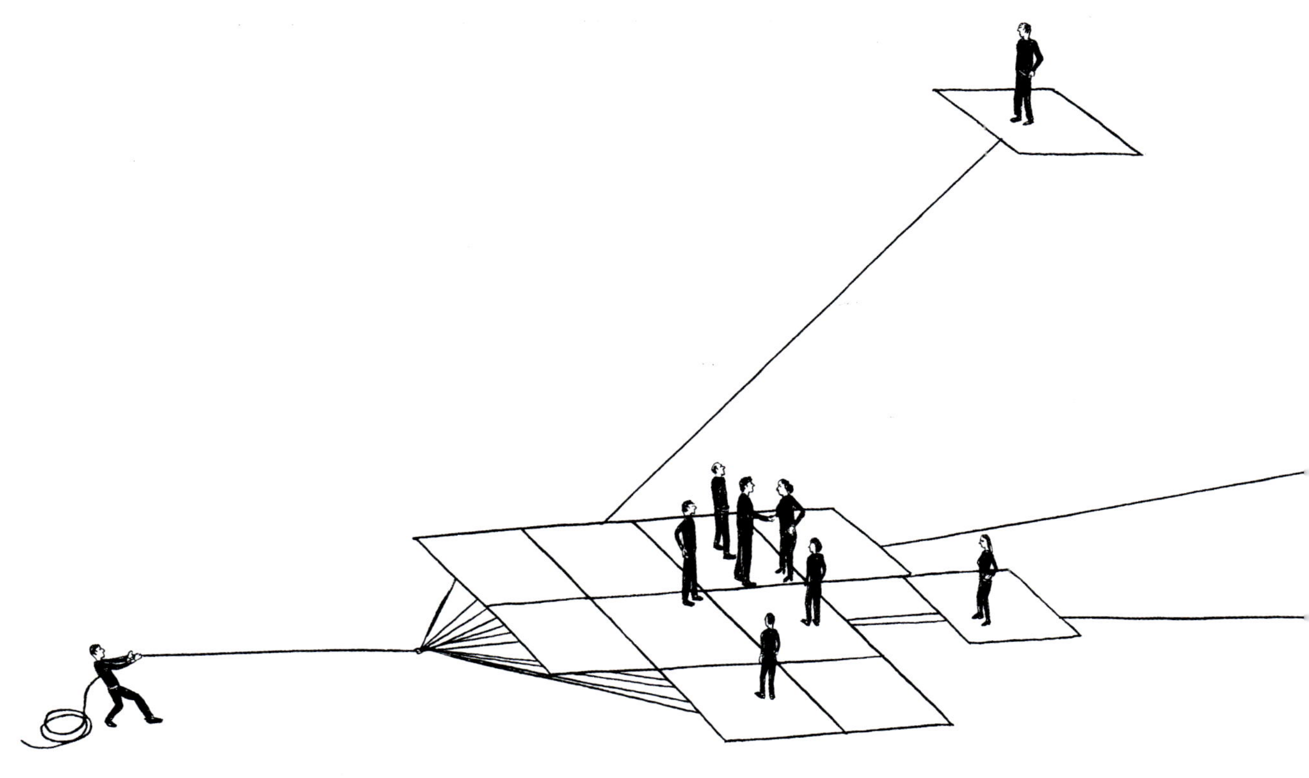

在第一次审查会议上，可以让客户在观看线框图时想象最终的用户界面，从而使他们更愿意仅根据线框图就认同。这就是关键所在，让客户在剩余的制作过程中确认线框图，而不是视觉用户界面设计。

为什么？如果我们能让客户在易于更新的黑白线框图中讨论功能，而不是在需要花很长时间才能更新的可视化用户界面设计上，那么我们就可以利用节省下来的时间，刻意在用户界面设计上超额完成任务（见原则 72）。

这将带来巨大的不同。在项目时间表中留出额外的空间，在视觉细节的打磨上多下功夫，不仅会让客户惊叹，也会给最终用户留下深刻印象，而这才是我们真正要做的。只要确保为自己争取到足够的时间，就能做到这一点。

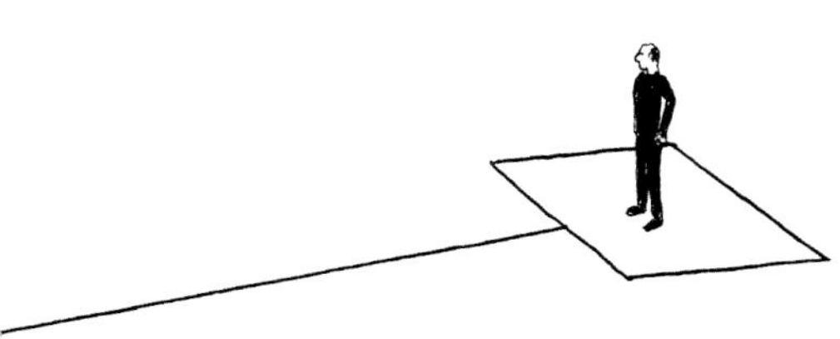

66

从真实世界的导航中学习。

当我们走进地铁，在高速公路上开车，在商场里找路，在机场找到登机口等，我们无时无刻不被导航系统包围着。尽管用户体验设计师所设计的导航系统是在电脑屏幕上运行的，但通过观察导航在现实世界中是如何工作（或不工作）的，我们可以学到很多东西。

乍一看，东京地铁系统让人目不暇接，但一旦你发现了所有的导航工具，就不可能迷路了。除了用颜色和数字标识每条地铁线外，地面上还画有彩色编码的引导路径，您只需沿着这些路径一直走到您要乘坐的列车。到站后，还有一张图告诉您楼梯、自动扶梯、电梯和出口在哪里。

阿姆斯特丹史基浦机场是另一个令人惊叹的设计典范。我最喜欢的一个设计是，史基浦机场的停车场没有使用字母和数字，而是使用了典型的荷兰物品，如风车、荷兰木屐、奶酪和郁金香，不仅让人更容易记住停车的位置，还能提醒您是在荷兰而不是其他地方降落的。

通过研究导航失败时的情况，我们同样可以学到很多东西。每当你试图开车离开法国小镇时，你都会看到两个指向相反方向的标志：Toutes Directions（所有方向）和Autres Directions（其他方向）。什么意思？法国人知道“所有方向”指的是高速公路，而“其他方向“指的是二级公路，但这并不十分直观。

新泽西州的高速公路也给了我们一个奇怪的选择：快车道还是本地车道？你最好尽快做出决定，因为你不能中途换道。本地车道是唯一有出口通往小城镇的车道。因此，如果您选择了快车道，但您要去的地方在本地出口，您就必须一直开到下一个快车道出口，然后切换到本地车道，再一路开回来。

我们在公共场合的每时每刻，尤其是当我们身处新的环境或不同的国家时，都是一个很好的机会去了解在导航方面哪些有效，哪些无效。其中大部分内容也直接适用于界面导航系统的设计（见原则67）。

67

建立合理的结构。

每当我们谈论用户体验设计中的结构时，我们真正谈论的是信息架构（IA），这个词最早是由建筑师、TED大会创始人理查德·索尔·沃曼在1976年创造的。他认为，将现有的“信息设计”一词改为“信息架构”，可以更清楚地表明，实践的重点应该是系统如何工作和执行，而不是系统看起来像什么。

在数字空间中，IA是关于底层结构组织的，它能让用户了解他们在哪里、他们能去哪里、如何找到他们要找的东西，以及他们能期待什么（见原则68）。这一领域源自图书馆学（对书籍和文件进行分类、编目和定位的研究）、认知心理学（对大脑如何工作以及发生了哪些心理过程的研究）和建筑学（规划、设计和建造结构的过程）。其结果是创建网站地图、层次结构、分类和导航，这些构成了系统的基础。

有效的信息架构可以通过清晰的信息层次、标签、分类和归类（即分类法），让所有用户都能轻松实现不同的目标。由于至少有50%的用户会使用与主页不同的入口，而且内容可能会不断增加，因此必须确保信息结构有多种入口，并具有可扩展性、模块化和可扩展性。

为什么这些都很重要？因为如果人们不能轻易找到他们要找的东西，他们要么最终会打电话给客户服务部门（这将带来非常高的成本），要么他们就会去别的地方。他们现在有很多其他选择。无论哪种情况，他们都不会留下来了解你的系统。也就是说，如果你一开始就进入了他们的搜索结果的话。谷歌和其他搜索引擎会主动惩罚结构不良的网站，使其在搜索结果中的排名靠后。

没有坚实的地基就无法建造大楼，同样，没有强大的信息架构就无法设计数字产品。由于我们现在都生活在信息时代，对着屏幕的时间比睡觉的时间还多，所以我们称之为家的数字空间的地基必须与实体空间一样牢固。

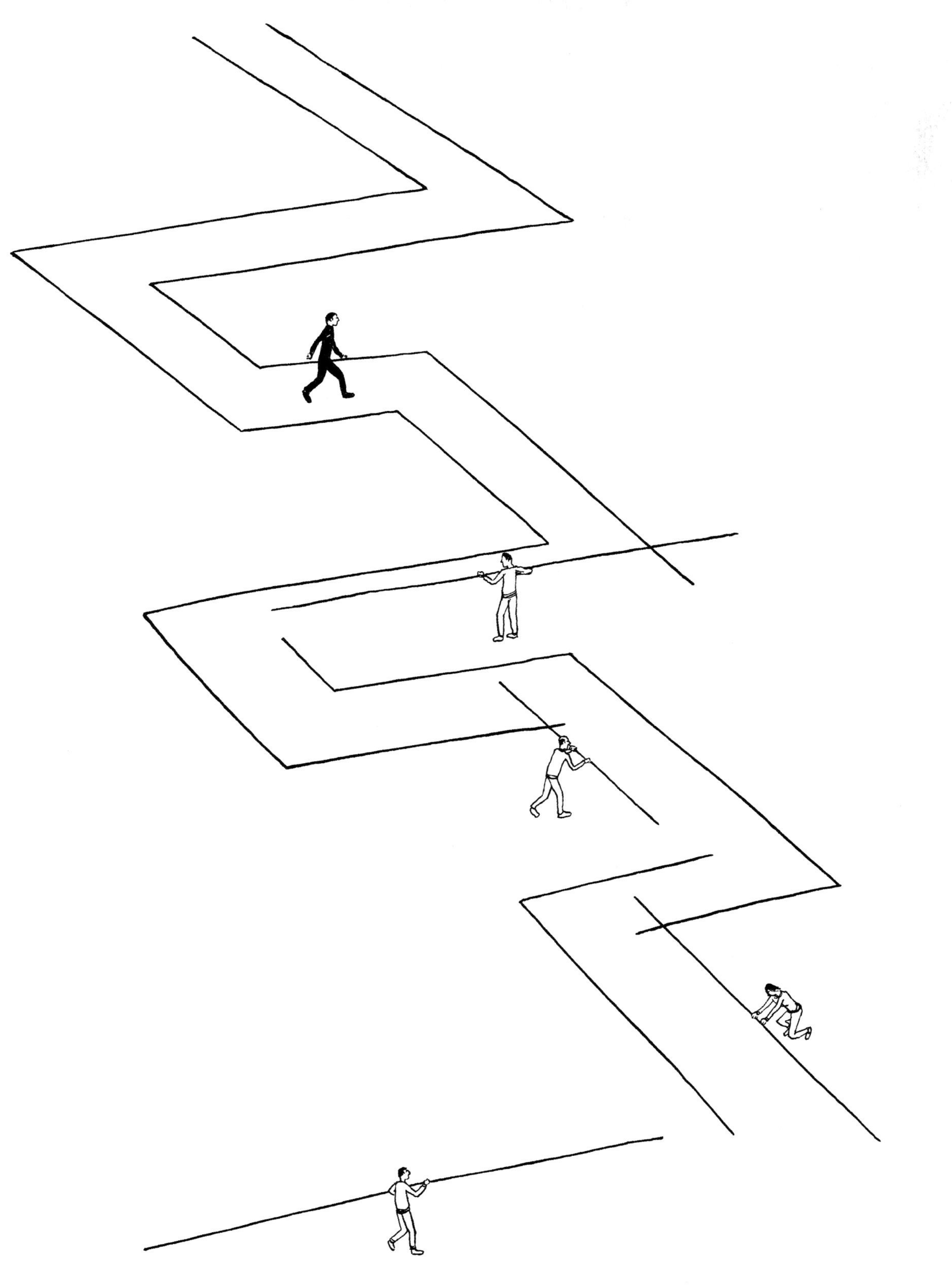

68

将页面之间的关系可视化。

所有网站和应用程序的结构都像俄罗斯嵌套娃娃。例如，让我们以一个市场型网站为例，在这个网站上，您要查找耳机。最大的玩偶，也就是包含所有其他玩偶的玩偶，就是父玩偶（主页）。当你打开主娃娃时，里面还有另一个娃娃（电子产品），它是主页的子娃娃。但在这个娃娃里面，还有另一个娃娃（耳机）。在这个玩偶里，还有一个最后的玩偶，它不能被打开，也不包含任何其他玩偶（你要找的耳机）。

上述内容就是网站地图的说明。网站地图是显示产品不同页面之间关系的图表。它将信息架构可视化，使页面的组织方式以及哪些部分包含其他部分或页面一目了然。网站地图通常以卡片分类（见原则63）和用户流程（见原则48）为基础，旨在直接反映目标人群的心智模式。

网站地图是在设计流程的开始阶段创建的，是人们在实际产品中与导航互动的第一步。它可以让我们鸟瞰整个信息架构，帮助我们明确哪些页面需要裁剪或合并，以简化结构，让人们更容易找到他们想要的东西。

网站地图上的每个页面都有一个标签和一个参考编号。标签与实际产品中实际页面的标题相对应，而参考编号则可以让我们在开始线框设计时跟踪页面。耳机示例可视化如下。

0.0主页
1.0电子产品
1.1耳机
1.1.1耳机A
1.1.2耳机B
1.1.3耳机C

直观地显示所有产品页面关系有助于用户界面设计师或开发人员等其他团队成员了解页面之间的关系，从而更容易评估将来如何以及在何处添加新的页面。它是信息架构的蓝图，是一份有生命力的文档，在需要改变信息架构时可随时更新和参考。

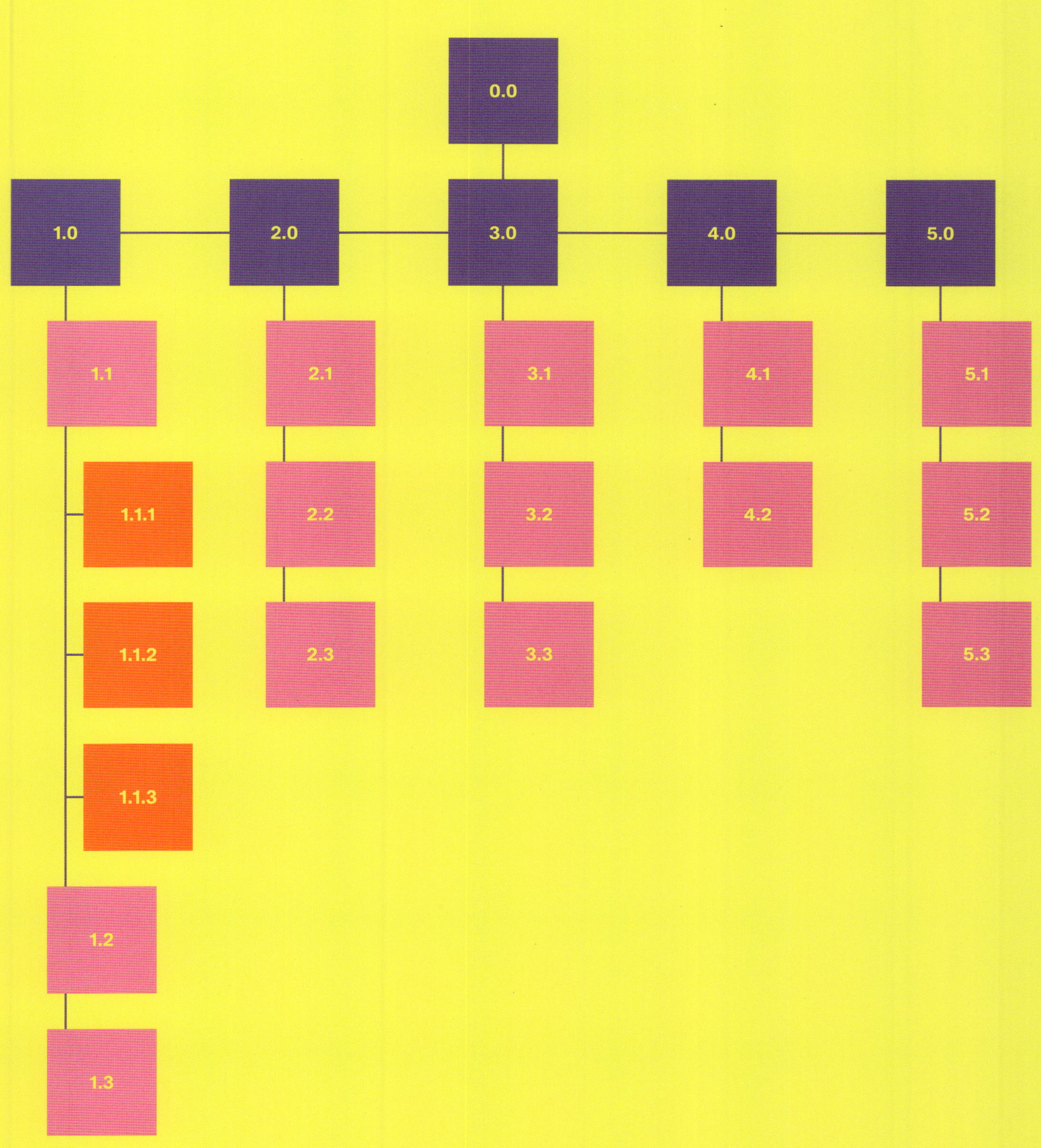
0.0
1.0
2.0
3.0
4.0
5.0
1.1
2.1
3.1
4.1
5.1
1.1.1
2.2
3.2
4.2
5.2
1.1.2
2.3
3.3
5.3
1.1.3
1.2
1.3

69

不要在导航上搞噱头。

全局导航几乎总是位于界面的左上方，实用导航位于右上方（通常包括登录、添加到购物车和搜索），页脚位于下方（要么重复全局导航，要么包含联系和订阅等项目）。这并非巧合。这是因为最初的界面是英文的——从左到右、从上到下，而不是中文或阿拉伯文。

从20世纪90年代的第一批网站开始，我们设计界面的方式、我们的习惯和我们的期望都发生了很大变化，但有一点始终未变，那就是导航的位置。把1999年的网站和今天的网站放在一起，你会发现导航的位置是唯一不变的。当然，导航的设计可能会变得更复杂一些，但如果剥去设计层，其结构却一直保持不变。

这是因为，过于实验性或噱头式的导航会导致人们不知道自己身在何处，不知道可以去哪里，不知道会有什么结果，最重要的是找不到他们要找的东西。如果他们找不到要找的东西，就会直接离开。因此，我们学会了在导航方面采取保守的做法，坚持约定俗成。

这些约定俗成是什么？让我们来细数一下：

1.使导航与用户的心智模式保持一致；
2.使用适合目标受众的语言；
3.使用有意义且一致的标签；
4.尽可能扁平化结构（尽量减少子类别）；
5.便于纵览全部页面；
6.使用颜色或图标帮助记忆；
7.明确哪些可点击，哪些不可点击；
8.允许用户轻松退出、返回，并了解他们所处的位置；
9.让有视觉、行动或听觉障碍的人也能使用导航；
10.考虑从侧门进入（即不从主页进入）。

导航是用户体验的决定性部分。如果人们找不到他们要找的东西，或者用户的目标和心智模式与导航不一致（见原则63），那么你设计的其他东西就都不重要了。人们会恼怒并离开。但如果导航直观，他们就更愿意原谅用户体验中的其他小插曲。

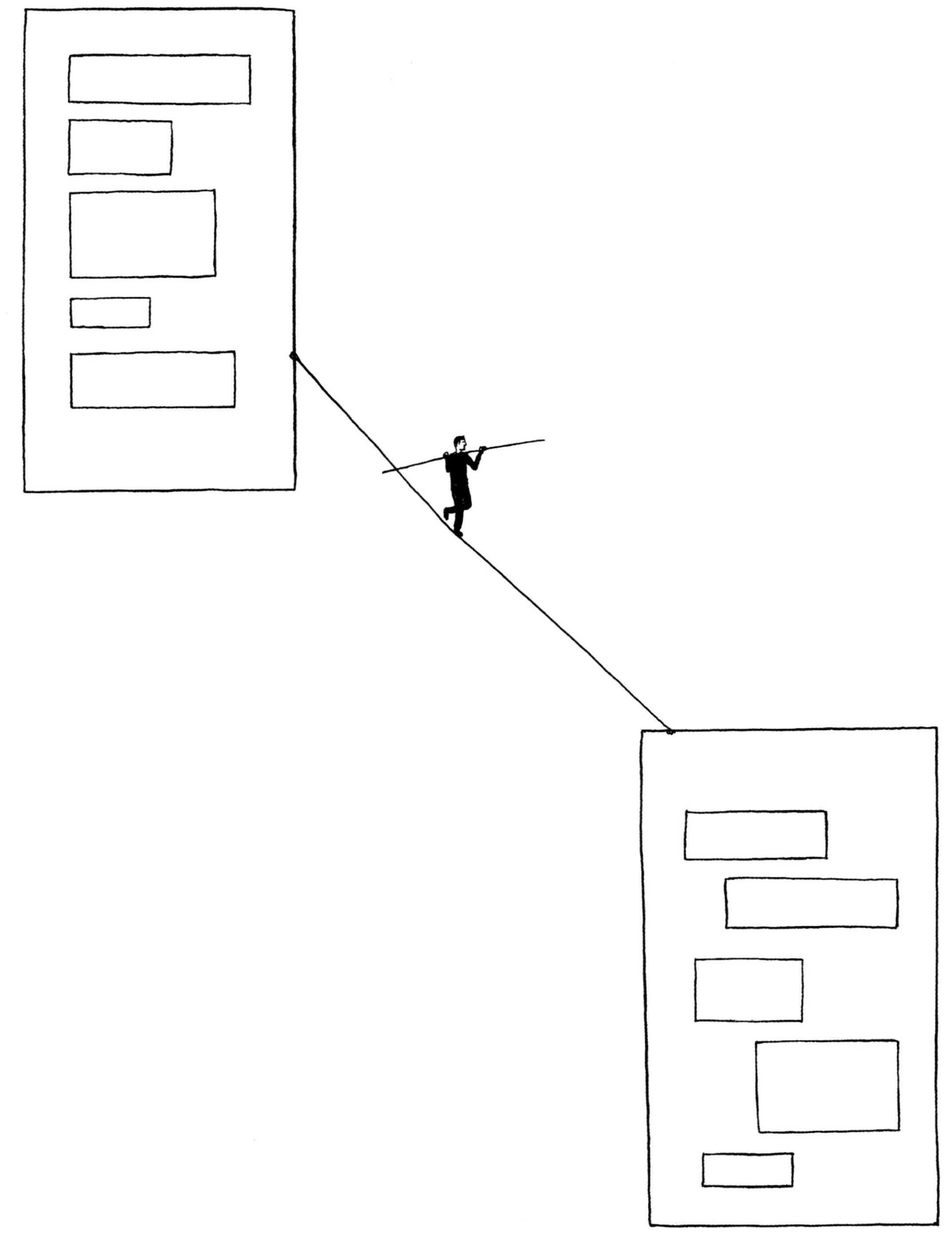

70

是的，侧门很重要。

与人们的普遍看法相反，主页并不是浏览量最大的页面，也不是用户体验中最重要的页面。以前是，但现在不是了，而且已经不是很久了。如今，半数以上的网站访问者会首先登陆主页以外的其他页面（绝大多数访问者甚至从未见过主页），主页甚至可以被视为用户体验中最不重要的页面。

想想你最近一次访问网站是什么时候？你是直接输入网址，还是谷歌搜索并点击链接，或者通过社交媒体？到达网站后，你是进入了主页，还是进入了内页？

我总是把主页看作是一本书的封面，同时还包括目录。它的作用是为书中的内容定下基调，帮助人们决定下一步要做什么。无论人们决定下一步做什么，他们都会把大部分时间花在这里。这就是为什么要把设计重点放在人们最常停留的页面上，而不是放在人们永远不会看到或看到一次就再也不会看到的页面上（原则15）。

当我们为人才管理公司True Talent Advisory（已更名为True）进行品牌重塑和重新设计时，侧门入口非常重要。他们有三种截然不同的产品，有三种截然不同的受众，因此我们必须确保每个产品页面都能得到与主页相同的设计重视程度。

新品牌形象设计的目标是让True真正从所有视觉上平淡无奇的竞争对手中脱颖而出。最终，我们创造了三个截然不同的环境，分别为其每种产品打造品牌形象。这样，无论人们来到哪里，都能感受到独特、鲜明和令人难忘。

那么，我们是否应该完全取消主页呢？主页仍然是网站分类的锚点，可以帮助用户重新设置和重新开始他们的浏览路径。但我们应该清楚，主页只是用户旅程中众多可能的起点之一，甚至不是最重要的起点。除非内容经常发生变化，否则我们的目标应该是让用户尽快离开主页，以便他们能够快速找到对自己真正重要的内容。

→
由于我们知道大多数人都会绕过主页，先进入内页，因此我们让人才管理公司的每个产品登陆页面都与主页体验一样令人印象深刻，同时又让人感觉连贯一致。

true
search
progressive talent that powers what's next
Transformational
Global
Transparent
our expertise
Consumer
Healthcare
Enterprise
Financial Tech
Security
CEO / BOD
CISO
Finance
Investment Professionals
Legal, Compliance & Regulatory
People & Talent
Product, Data & Technology
Sales, Marketing & Customer Success
global reach
true client dashboard
at a glance
26
2018
$64bn
600+

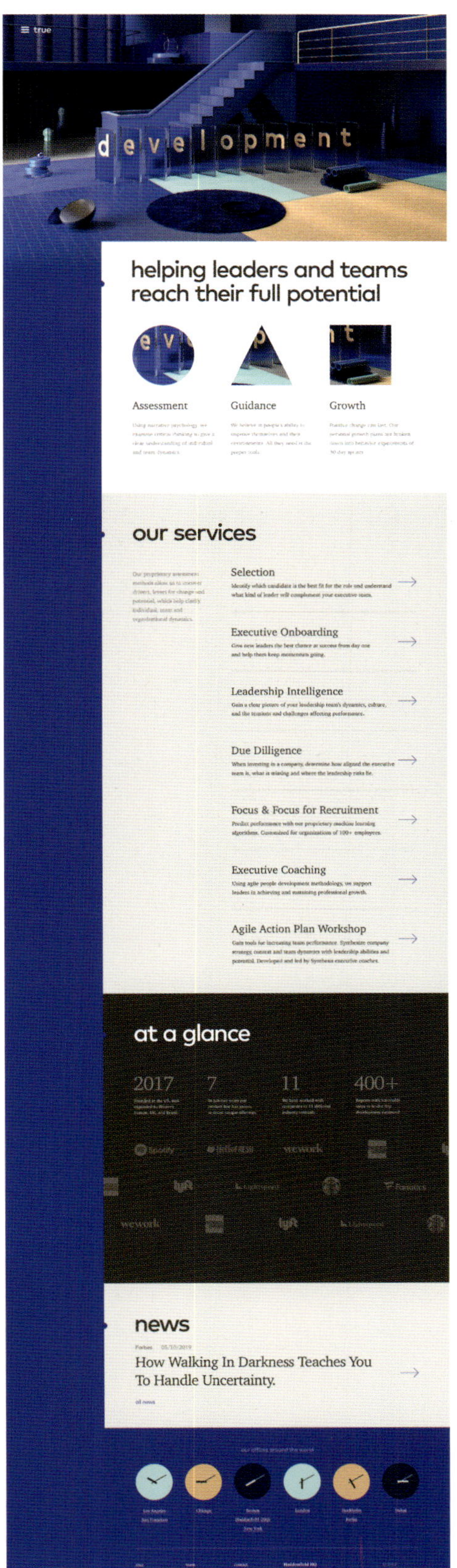
true
development
helping leaders and teams reach their full potential
Assessment
Guidance
Growth
our services
Selection
Executive Onboarding
Leadership Intelligence
Due Dilligence
Focus & Focus for Recruitment
Executive Coaching
Agile Action Plan Workshop
at a glance
2017
7
11
400+
news
How Walking In Darkness Teaches You To Handle Uncertainty.

true
technologies
shifting paradigms within our industry
Identifying Opportunities
Sharing Solutions
Protecting Privacy
a history of innovation
Thrive TRM ®
Synthesis Focus
news
Thrive TRM hires serial entrepreneur Lucinda Duncalfe to help the recruiting ...

71

在展示之前进行预处理。

“谢谢大家的参与。下面我们将讨论第一轮线框图。这些线框图是内容策略、交互和信息层级的黑白骨架，将出现在最终的用户界面中。可以把这些线框图看作是我们产品的按图索骥版。除了标签和导航项目外，你看到的所有其他文本都只是占位符，所以不用担心。一旦我们收到您对我们将要讨论的项目的反馈意见，我们就会应用这种方案，您就可以看到线框图通过色彩、排版、图像和设计元素栩栩如生地展现出来。在我们开始之前，有人有任何问题或意见吗？”

尽管从我刚开始做用户体验设计师到现在，客户已经有了长足的进步，他们对线框图也更加熟悉了，但我还是会在展示第一轮之前先说几句。有时，房间里有来自其他部门的人，他们可能不知道数字产品设计需要什么，我想确保每个人都明白他们在看什么。

这是我的惨痛教训。21世纪初的某个时候，我们为一家中国台湾智能手机制造商设计网站，这家制造商负责开发了第一款采用安卓系统的谷歌设备。我们飞到台北去展示第一轮的线框图，在我展示完之后，有一只手举了起来，我们的一位客户犹豫着说：“嗯……艾琳……我们希望我们的网站是英文的，而不是拉丁文。我们还希望网站是彩色的。”

我做了一个“whaaa-whaaa-whaaat”的动作，不得不迅速后退并解释说，网站肯定会是英文的，而且他们看到的副本事实上只是用来占位，“Lorem Ipsum”（实际上是从西塞罗的“Definibus bonorum et malorum”中衍生出来的拉丁文假文本），因为我们还没有最终的文本，而且这也不是我们今天要审查的内容，哈哈，别担心，网站当然会是彩色的，但我们稍后会说到这一点。

真是一团糟。这都是我的错，我没有意识到大多数人并不熟悉用户体验流程和我日常使用的术语。自从那次会议之后，我就开始有意识地在每次演示前都先介绍一下他们将要看到的内容，以及我对他们反馈的期望。这可能过于死板，但我宁愿死板而清晰，也不愿冒着别人不明白我在说什么的风险（见原则65）。

Lorem ipsum dolor sit amet?

Lorem ipsum!

72

从低保真到高保真。

线框图的保真度（细节和逼真程度）是有高低之分的。在一端，有松散的手绘线框图，显示用户界面可能如何工作；在另一端，有详细的数字线框图，可视化所有内容、视觉层次和交互性，尽可能接近最终的用户界面。草图可以很快完成，而逼真的线框图则需要更多的时间来制作。

低保真线框图可用于设计公司内部的研讨工作。草图可以快速将总体布局构思写在纸上，当构思更加成熟时，还可以随时进行修改。此外，它将重点放在界面应该是什么，而不是它应该是什么样子，如果我们过早使用电脑，就会出现问题。

高保真线框图非常适合向用户或客户展示。因为它们看起来非常接近最终的用户界面，不需要过多的解释，让人们很容易做出反应（见原则65）。线框图也是一种有用的内部交流工具。线框图越详细，可视化用户界面设计师的工作就越快，开发人员就越容易理解如何实现设计。

在我们的工作室，为了尽可能高效地完成制作流程，我们在对界面进行彻底探索并绘制出草图之前，不会开始制作高保真线框。一旦所有细节都确定下来，我们就会投入时间和精力，制作出尽可能接近最终用户界面的线框图。这就是我们向客户展示的内容，而不是草图或视觉设计。

我们之所以希望获得对线框图的最终功能反馈，是因为更新可视化用户界面要耗费更多时间。但是，为了让客户乐于只对线框图提出反馈意见，我们需要向他们展示几乎是最终用户界面的“按图索骥版”线框图，这样他们就能想象出品牌应用后的效果。

→
下面展示的是日本手写板公司Wacom的产品页面草图、线框图和最终用户界面。为了尽可能高效地完成各阶段设计，我们要求客户对线框图而不是最终用户界面进行签字确认。这也是线框图看起来尽可能接近最终用户界面的原因。

WACOM
INTUOS
WIRELESS FEATURE
REVIEWS
SPECS LAYER
ACCESSORIES
EVERYDAY PROMO

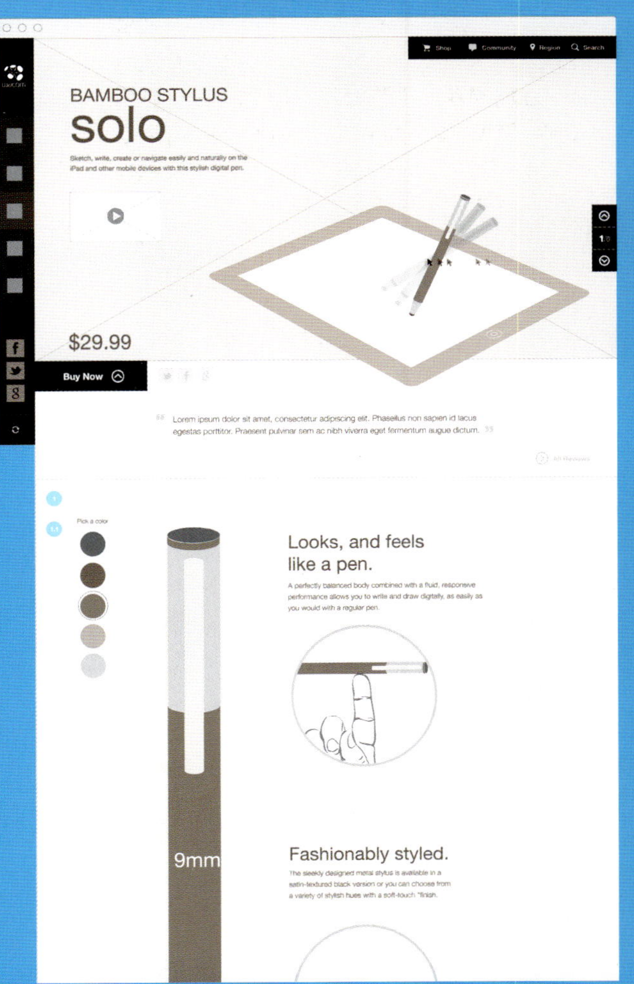
BAMBOO STYLUS
solo
Sketch, write, create or navigate easily and naturally on the iPad and other mobile devices with this stylish digital pen.
$29.99
Buy Now
Lorem ipsum dolor sit amet, consectetur adipiscing elit. Phasellus non sapien id lacus egestas porttitor. Praesent pulvinar sem ac nibh viverra eget fermentum augue dictum.
Looks, and feels like a pen.
A perfectly balanced body combined with a fluid, responsive performance allows you to write and draw digitally, as easily as you would with a regular pen.
9mm
Fashionably styled.
The sleekly designed metal stylus is available in a satin-textured black version or you can choose from a variety of stylish hues with a soft-touch finish.

BAMBOO STYLUS
solo
Sketch, write, create or navigate easily and naturally on the iPad and other mobile devices with this stylish digital pen.
Hello!
$ 29.99
Buy now
Bought 2 of these, one for each of my daughters who are artists. One is currently away in art school, while the other finishing her senior year of high school. Bought two of these, one for each of my daughters who are artists...
Looks, acts and feels like a pen.
A perfectly balanced body combined with a fluid, responsive performance allows you to write and draw digitally, as easily as you would with a regular pen.
BAMBOO
Fashionably styled.
The sleekly designed metal stylus is available in a satin-textured black version or you can choose from a variety of stylish hues with a soft-touch finish.

73

不要只作说明，还要作注释。

注释是线框图的书面说明，描述界面中的动态元素应该如何运作。例如，“点击后，动态菜单面板打开”或“点击后，用户进入相应的详细页面”。每个注释都与设计本身上的编号标签配对，这样任何人在查看线框图时都可以轻松地对照每个设计元素。

任何人值得是谁？其实是很多人。开发人员可以通过阅读注释来规划工作流程，了解如何构建。用户界面设计师将使用线框图来创建生产就绪的设计。动作设计师、文案或插图画家等合作者通过阅读注释来了解哪些地方需要他们的贡献。而客户则使用带注释的线框图来提供反馈（见原则72）。

用文字描述功能还有助于验证所有逻辑和思维。如果不将错误状态、边缘情况、非活动状态、隐藏内容、工具提示、登录状态或动画等内容写下来，就很容易被意外忽略。如果没有注释，就很难参考几个月甚至几年前完成的项目的决策和原理，而这往往是决定项目暂停或进入下一阶段所需要的。

尽管如此，我指导过的几乎所有年轻用户体验设计师都非常讨厌写注释，要么推迟，要么几乎不写。这是一个可怕的习惯。等到最后一刻才对所有线框图进行注释，可能会导致逻辑上的重大漏洞，而这些漏洞如果早点发现，解决起来并不费事。我的建议是，先绘制一个页面的线框图，然后注释该线框图，再继续绘制下一个页面的线框图。

经过精心注释的线框图可以随时随地回答任何受众的所有潜在问题，而无须用户体验设计师的参与，例如，远在地球另一端的开发人员，不同时区的客户。它还有助于确保所有功能都得到考虑，并允许我们在几周或几个月后回溯我们的想法。如果操作得当，附加注释的线框图有助于为更高效的生产流程扫清障碍，为每个相关人员省去许多麻烦。

1
2
3
4
5
6
7
8
1
2
3
4
5
6
7
8

74

交互设计塑造品牌。

在我们深入研究用户界面设计之前，我想先谈谈品牌塑造。我们可以写一整本书（或者很多本书）来讨论品牌建设，但我想从用户体验的角度来看待这个问题。如果说品牌建设的工作是创造一系列与众不同的特征，以提高产品的知名度和可识别性，那么公司网站或应用程序的用户体验和用户界面设计就是影响用户选择的最重要二具。

为什么？因为45%的人第一次接触一个品牌是通过社交媒体，35%的人第一次接触一个品牌是通过公司网站，而不是像以前那样通过广告牌、电视广告或其他传统媒体渠道。而且，当人们与之互动的数字产品具有吸引力，同时又能让他们实现自己的目标时，他们是最开心的（见原则8），因此，他们在数字渠道上的体验就成了品牌建设的基石。

在我们的工作中，通常有三种品牌塑造方式。第一种情况是客户已经有了一个非常强大和知名的品牌知名度，比如我们与Spotify合作。在这种情况下，我们必须谨慎地将现有的品牌准则应用到用户界面中，并确保用户体验与品牌的整体基调相匹配，让用户感觉自己是同一大家庭中的一员。对我们来说，这种情况最无趣，因为我们只关注用户体验，而用户界面给人的感觉太像照本宣科。

第二种情况是，我们与传统的品牌代理公司合作，从零开始创建一个新的品牌数字及印刷产品，就像我们与Mucho合作为私募股权公司Alpine创建新品牌一样。当每一个品牌决策都必须在所有可能的渠道中得到验证时，就会产生最强大的品牌形象，但也很难向客户传达这样的信息：与制作印刷品相比，建立一个真正的网站需要更长的时间，成本也更高。

最后一种也是最常见的一种情况是客户没有品牌知名度，或者是有过时的印刷品牌设计产品。例如，初创公司往往预算有限，更愿意将营销费用直接花在网站或应用程序上，而传统公司的品牌元素可能无法很好地转换到屏幕上。在这两种情况下，用户体验和用户界面最终都会帮助企业塑造品牌。

糟糕的用户体验甚至会破坏最完整的品牌形象，而不恰当的用户界面则会让人立刻感到反感，因此可以说，在当今世界，品牌是由交互设计而不是平面设计塑造的。明白这一点的公司会占得先机，而不明白这一点的公司，至少希望他们有几张看起来很酷的名片吧。

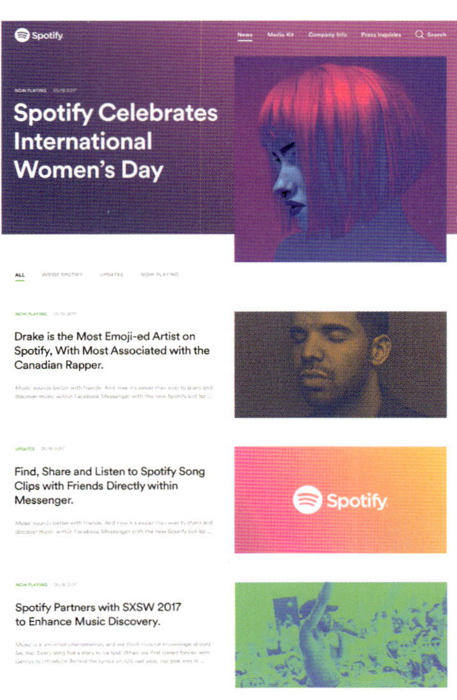

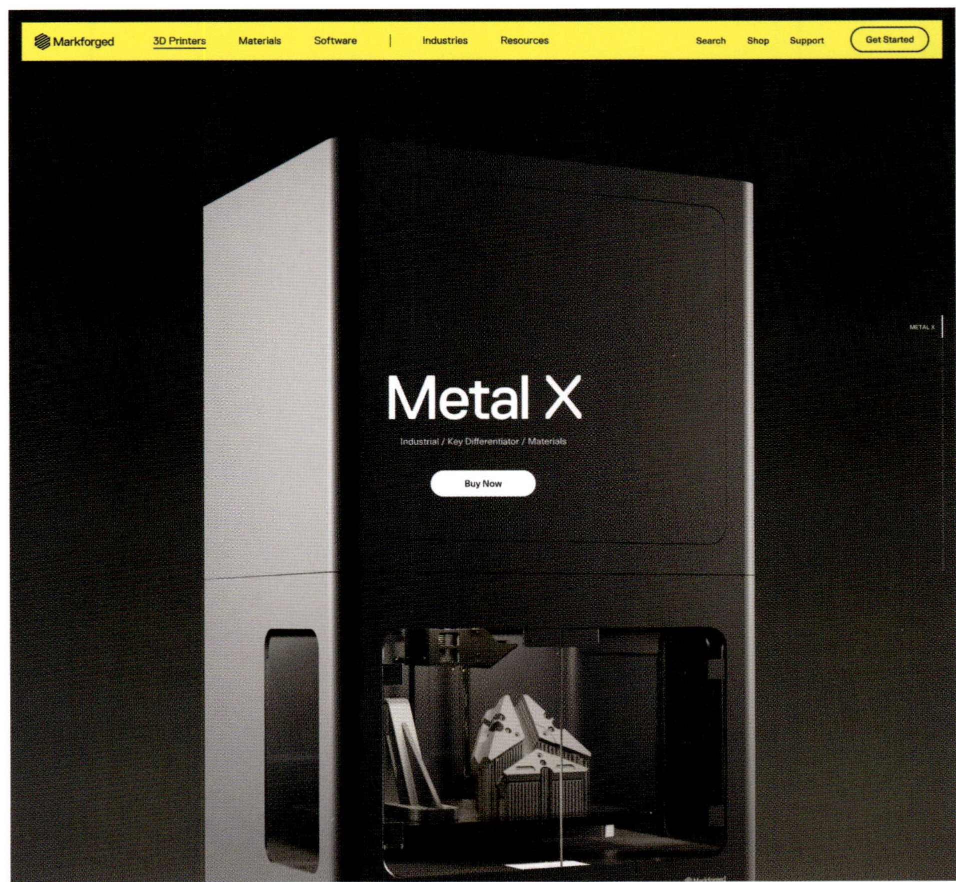

→
我们为Spotify（已有可识别的品牌）、Alpine投资公司（根据Mucho创建的印刷标识，我们从零开始创建了数字品牌）和Markforged（没有真正的品牌，数字设计最终塑造了品牌）设计的主页。

75

糟糕的排版设计会导致糟糕的用户体验。

我最喜欢罗伯·布林赫斯特1992年出版的《排版风格要素》一书中的一段话，它强调了排版的力量："排版设计之于文学，就像音乐表演之于作曲：一种重要的诠释行为，充满着无穷无尽的洞察力或钝感力。很多排版设计与文学内容相去甚远，因为语言有很多用途，包括包装和宣传。就像音乐一样，它可以用来操纵行为和情绪。但这并不是排版设计师要向我们展示的最重要的一面。最好的排版设计能够给人以滋养和愉悦的回报。"

就像颜色、形状和音乐可以唤起不同的情感一样，排版也可以。只须更换排版，一个设计就能从老式变为现代再到别致，这使得排版设计成为用户界面中一个极其重要的品牌元素。但在为屏幕选择排版风格时，情感并不是唯一的考虑因素。由于许多用户会根据他们的使用环境面临不同的挑战，因此排版设计的决定也会影响可用性和可访问性（见原则18）。

也许是视力有问题，也许是在刺眼的阳光下阅读信息。不管是哪种情况，如果考虑到屏幕上的字体，首先要考虑必须可用，其次才要考虑美观（特别是考虑到手机屏幕甚至台式电脑的可用面积有限），由于面临这样的限制，用户界面设计师在排版风格的选择上显然要比印刷设计师保守得多。

除了同样适用于印刷的所有优秀的标准做法，如适当的字距（字母之间的间距）和前导（多行字体之间的间距）之外，可读性、可扫描性是为屏幕设计排版时最重要的考虑因素，因为它们能使设计更易于访问。因此，在决定排版时，最好谨慎行事，确保文字永远不小于16pt（pt为字号参数），每行保持60～80个字符。

由于视觉语言和字体属于用户界面设计师的工作范畴，并且在影响人们对界面的感受方面发挥着巨大作用，因此用户体验设计师与用户界面设计师密切合作，共同完成所有排版决策，这一点非常重要。否则，如果排版不好，整个用户体验都会受到影响。但如果他们这样做了，最终的界面就会有更大的机会让尽可能多的人使用。

76

你认为你可以滚动屏幕，那就滚动吧！

最常见的用户体验谜题之一就是人们不会滚动。我曾多次说服客户，我们不需要把所有内容都塞在折叠（在滚动之前登陆网站时最先看到的区域）上方，这实在是太荒唐了，尤其是早在1998年就有相关的可用性研究，结果表明，即使是在20世纪90年代，人们也不介意滚动。事实上，在显示更多内容时，人们更喜欢滚动而不是点击互动元素。

滚动意味着“我对更多内容感兴趣”，而点击则意味着“让我继续浏览其他内容”。但滚动浏览长段落的静态文本也会导致滚动疲劳。这就是滚动阅读的用武之地。

“Scrollytelling”（滚动式讲述）是一个描述滚动和讲故事相结合的术语，用于帮助人们保持对长篇内容或复杂数据可视化的关注（见原则78）。滚动式讲述并不是让用户点击工具提示、视频或图片库，而是在用户上下滚动页面时动态显示内容、动画、声音和图像转换。

《纽约时报》经常被认为是滚动式讲述的发明者，或者至少是普及者。早在2012年，他们就发表了获得普利策奖和皮博迪奖的故事《雪落：隧道溪的雪崩》，页面上出现的元素构成了一个流动的、引人入胜的动态故事。不久之后，滚动式讲述成为长篇新闻、品牌主页、产品页面和创意作品集（包括我们自己的！）中创造沉浸式浏览体验的最常见方式之一。

好的滚动式讲述页面可以让用户控制动画的节奏，并在内容和动作之间建立起紧密的联系，从而使用户旅程比最终目的地更令人愉悦。但我们必须小心。糟糕的滚动讲述（或滚动劫持）会在动画和故事之间造成令人震惊的错位，从而让整个体验感觉噱头十足、令人讨厌。确保你知道自己在做什么。

→
在我们自创的UrbanWalks iOS应用程序的宣传网站上，我们使用了纽约市出租车的俯视图来引导用户浏览页面。用户只须向下滚动，就能控制出租车的速度，从而控制故事的节奏。

So, for less than the price of a dirty water dog, a toasted everything bagel with scallion cream cheese or a cup of coffee from a street cart ...
... you'll get a 2.5 hour tour that not only guides you through the awesome sights, stories and landmarks of New York City ...
... but also helps you figure out where you can catch wi-fi, where you can charge your phone, and where the best place is to use the bathroom (and no, it's not always McDonalds!).
As you can see we put a lot of love and care into this app and we hope people will enjoy using it as much as we enjoyed creating it. Thanks a lot to Danil Krivoruchko for bringing everyone together and extra special thanks to the Hyperboloid team for making all this technically possible!

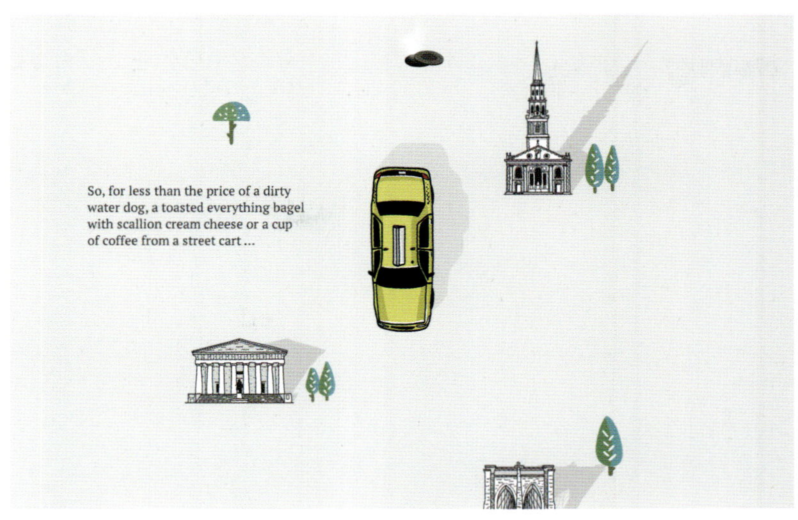
So, for less than the price of a dirty water dog, a toasted everything bagel with scallion cream cheese or a cup of coffee from a street cart ...

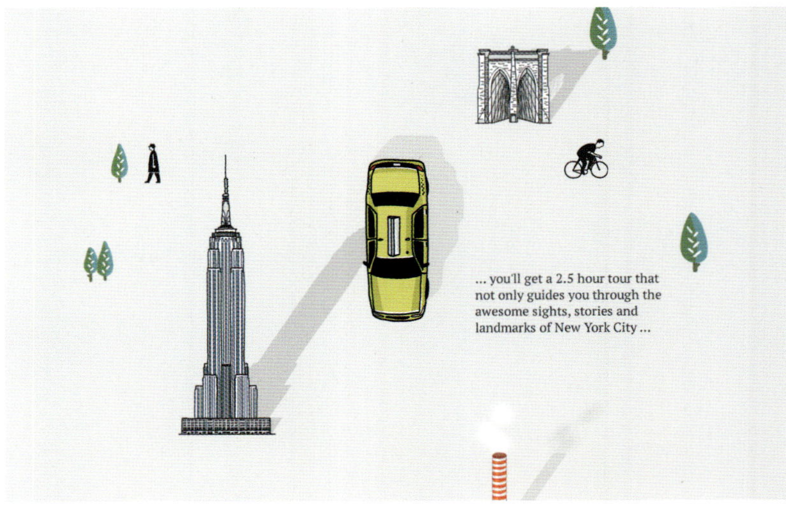
... you'll get a 2.5 hour tour that not only guides you through the awesome sights, stories and landmarks of New York City ...

... but also helps you figure out where you can catch wi-fi, where you can charge your phone, and where the best place is to use the bathroom (and no, it's not always McDonalds!).

77

负责任地制作动画。

界面中第一个使用功能性动画的例子可以追溯到1985年，当时布拉德·迈尔斯发表了一篇关于“完成百分比进度指示器”的论文，他发现当计算机提供关于任务进度的视觉提示时，用户的等待体验会变得更容易接受。这项研究催生了进度条以及随后出现的所有其他功能动画。

而装饰性动画则没有任何实际功能。如果做得好，它们能吸引用户的注意力并讲述一个故事，但如果做得不好，它们就会令人讨厌，分散用户的注意力，妨碍他们完成任务。

当我们自发制作互动纪录片《一间合租屋》时，我们希望主页看起来像一张电影海报，这部纪录片讲述的是我在阿姆斯特丹的一个公共住宅中的成长经历。由于这个故事讲述的是我的童年，我们希望它给人的感觉就像我成年后回望影片中的一个关键时刻，即公共晚餐不再举行，意味着公共梦想的终结。

我们从无印良品买了一些芭比娃娃家具和一个塑料盒，3D打印了一些小家具，然后把所有东西都喷成了我们调色板上的紫蓝色，只有一把椅子（我的椅子）被喷成了粉红色。然后，我们设置了灯具，用摄像机拍摄了所有的东西，并制作了一个定格动画序列，通过鼠标的移动来触发。我的眼睛跟着用户的鼠标移动，一旦用户表示要开始播放纪录片，我的椅子就会倒下来。

虽然这些动画没有实际的功能性作用，但它们在主页和互动影片之间创造了之前所缺乏的连续性。它还让界面栩栩如生，为整体体验增添了独特鲜明的视觉元素，有助于讲述一个更有凝聚力的故事（见原则74）。由于人们最终玩的是我的眼睛对鼠标的反应，因此他们在主页上花费的时间要比其他地方多得多。

用户界面动画能够吸引用户的注意力，但这也是其最大的缺点。功能性动画应该是隐形的、不显眼的，而装饰性动画则不应该如此。然而，无论多么微妙或吸引眼球，动画都不应该妨碍可用性。在将动画引入界面之前，我们需要首先考虑每个动画为最终用户带来的价值，并牢记动画应该为他们的使用体验锦上添花，而不是碍手碍脚。

→
我们自制的互动纪录片《一间合租屋》的主页，讲述了我在阿姆斯特丹市中心一栋合租房里的成长经历。我的眼睛追随着用户的鼠标光标，当他们选择“观看纪录片”时，我的椅子（粉红色的椅子）就会掉下来。

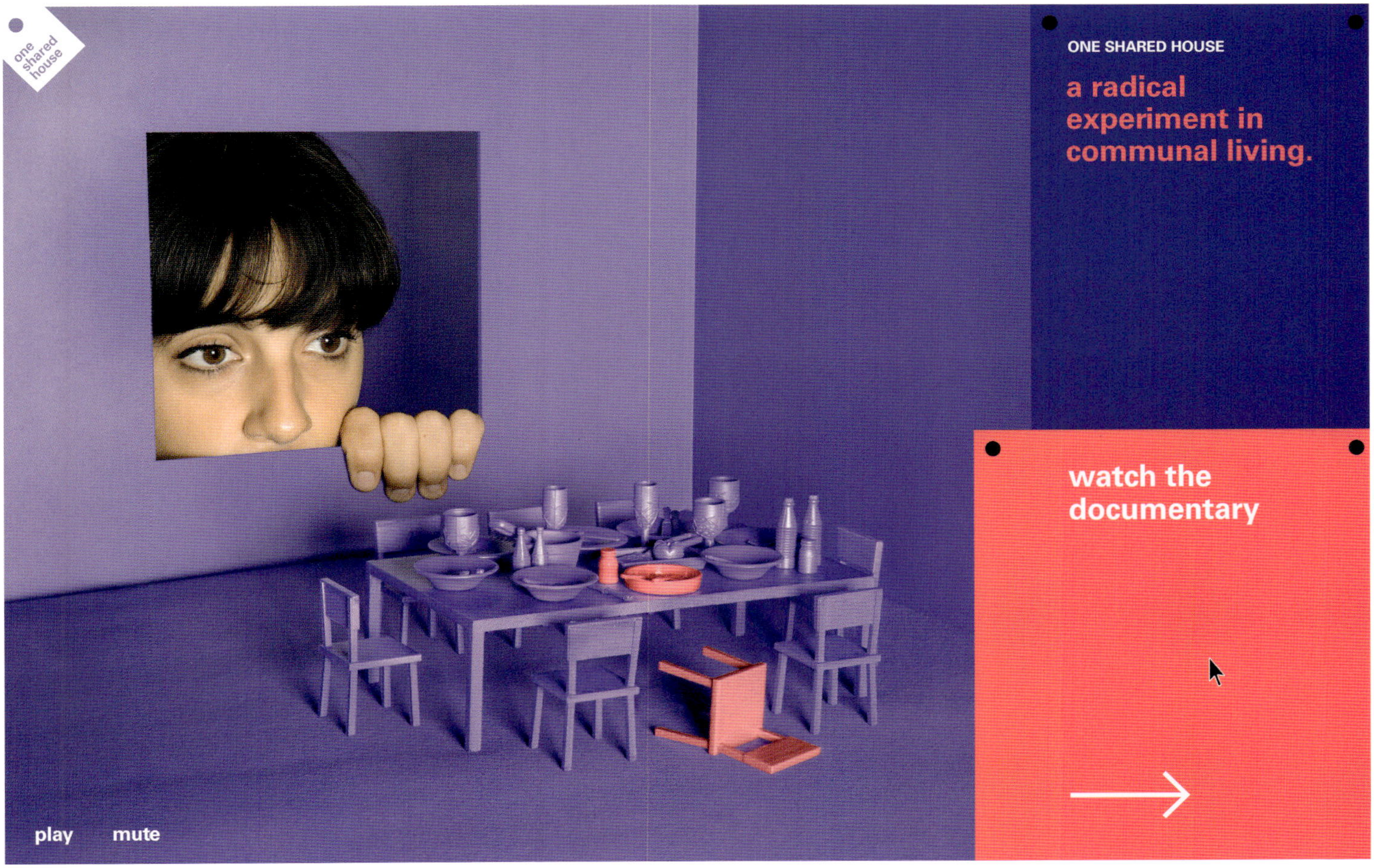

one shared house

ONE SHARED HOUSE

a radical experiment in communal living.

watch the documentary

play mute

78

让数据变得可爱。

当人们听到“数据”或“数据可视化”时，往往会联想到图表、图形、电子表格或与统计有关的抽象而枯燥的东西。尽管数据可视化的初衷是让人们更容易理解庞大的数字，但许多数据的可视化却适得其反。

在本书的前面部分，我们谈到了视觉隐喻是如何通过挖掘现有的象征意义来帮助用户产生共鸣的（见原则7）。如果说有什么东西需要帮助我们联系起来，那就是大数据和大量数字。

2009年，我们与广告代理公司Cramer-Krasselt合作，为保时捷在北美市场推出首款四门轿车帕纳梅拉开展了一个项目。当时，大多数汽车网站都只是华而不实地展示功能和细节，但我们想突出的是，超过70%的保时捷跑车至今仍在路上行驶（保时捷就像传家宝一样，往往会在家族中世代相传）。

我们创建了一个由保时捷车主和车迷提交的数千个故事组成的用户生成库，甚至连杰瑞·宋飞也提交了一些故事，我们将这些故事以互动家谱的形式呈现出来。来自美国西海岸的故事位于树的左侧，来自美国东海岸的故事位于树的右侧。较老的保时捷车型的故事在树的底部，而较新的保时捷车型的故事在树的顶部。

由于“家族树”的隐喻非常容易理解，人们可以直观地知道如何与界面进行交互，从而不费吹灰之力就能通过驱动界面的实际数据获得更加身临其境的体验。这也让他们感觉到他们提交的数据是保时捷大家庭的一部分。

重要的是要记住，并非所有数据都需要可视化。由于我们现在处于大数据时代，因此很容易将一切都变成数据可视化。但是，在你开始考虑如何将眼前的数据可视化之前，请确保这些数据确实与你的目标用户相关且有趣，因为没有人会为了数据而对数据感兴趣。

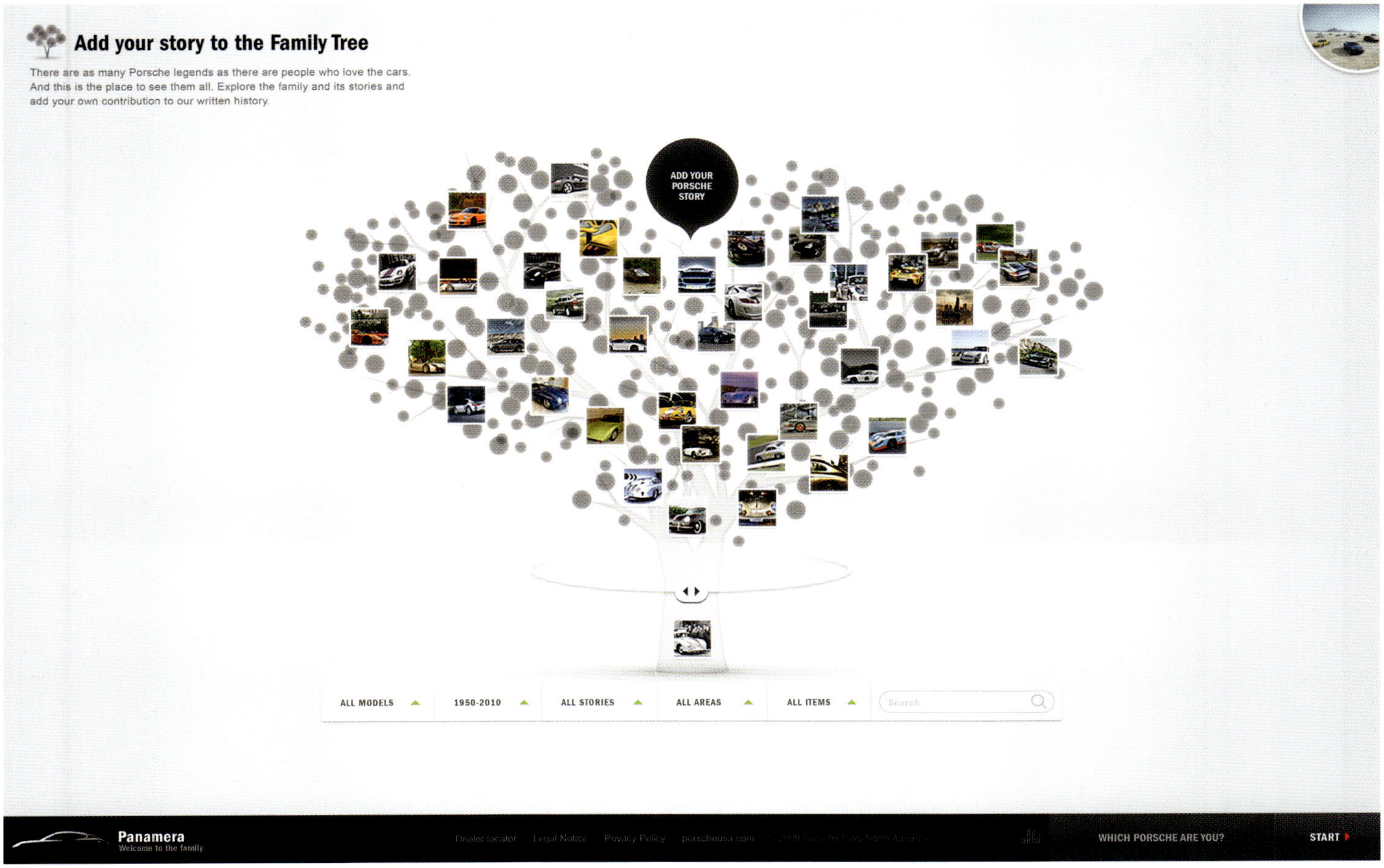

Add your story to the Family Tree
There are as many Porsche legends as there are people who love the cars. And this is the place to see them all. Explore the family and its stories and add your own contribution to our written history.
ADD YOUR PORSCHE STORY
ALL MODELS
1950-2010
ALL STORIES
ALL AREAS
ALL ITEMS
Search
Panamera
Welcome to the family
Dealer locator
Legal Notice
Privacy Policy
porscheusa.com
WHICH PORSCHE ARE YOU?
START

The new Panamera
An entirely new branch on the family tree
PORSCHE HISTORY
PORSCHE PHILOSOPHY
PORSCHE ENGINEERING
BROWSE PORSCHE FAMILY TREE STORIES
Panamera
WHICH PORSCHE ARE YOU?
START

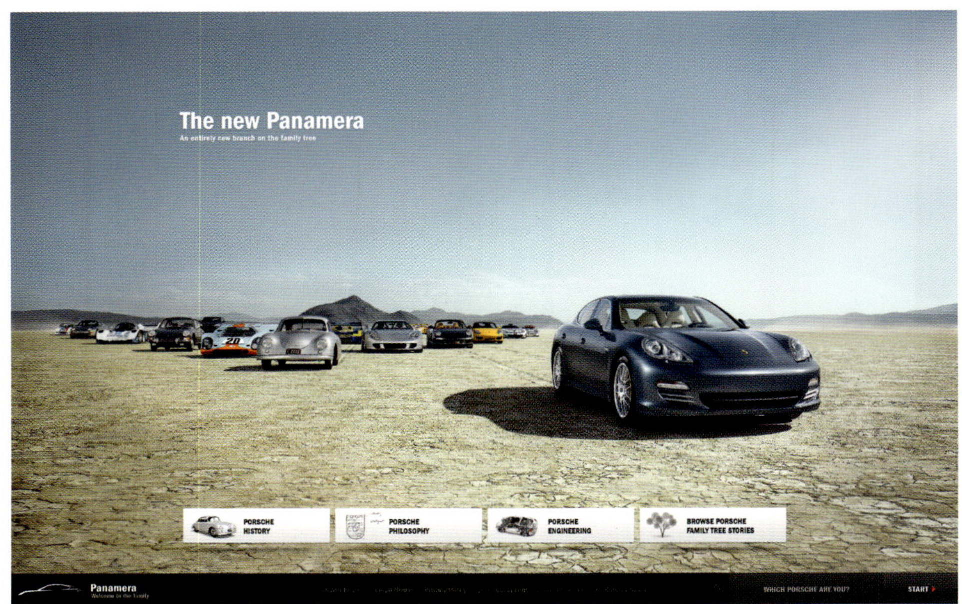

→
保时捷帕纳梅拉网站2009年的主页。来自西海岸的车主故事报道在树的左侧，来自东海岸的车主故事报道在树的右侧。较老的保时捷车型的车主故事报道在底部，较新的保时捷车型的车主故事报道在顶部。

79

深色模式崛起。

深色模式是指在深色背景上显示浅色文字的屏幕显示类型，也称为“负极性”。而浅色模式则是在浅色背景上显示深色文字，即“正极性”。近三十年来，浅色模式一直是主流的显示方式，但最近深色模式卷土重来，声称可以延长电池寿命、提高可读性并减少蓝光照射。另外，它看起来很酷。那么哪种模式更好呢？这要看情况。

我认识的所有开发人员都在深色模式下编写代码。他们声称，当你不得不整天盯着屏幕时，深色模式更容易保护眼睛，因为它发出的蓝光更少。他们还说，在深色背景下，代码行会更显眼，而在明亮的显示屏上阅读大量文字会导致在较暗的房间工作时眼睛更加疲劳。他们说的没有错，这些都是事实，都有科学依据。

不过，在大多数情况下，大多数人更喜欢浅色模式。撇开我们进化过程中喜欢在明亮背景上显示深色图像的偏好不谈，毕竟我们不是夜行动物，在浅色模式下阅读长行文字要容易得多。这是因为光晕效应，当明亮的文字在黑暗背景上时，其边缘会变得模糊，从而使较长的小字段更难阅读。

那么，我们应该怎么做呢？这取决于内容的目的和使用环境。深色模式更适合强调视觉内容（如Netflix封面）和简短的文字（如代码行）。当我们在黑暗的房间里观看屏幕上的内容时，深色模式也更适合我们的眼睛。浅色模式更便于阅读长段落文字，也更便于在白天查看屏幕上的内容。

如果我们想吸引人们对视觉内容的关注，深色模式是一个安全的选择。如果我们想让用户阅读，浅色模式会更好。如果有疑问，我们可以同时提供两种模式，让用户自己选择。但无论如何，请确保你的决定是基于使用环境，而不是基于你认为哪种模式看起来更酷。

Metamorphosis

One morning, when Gregor Samsa woke from troubled dreams, he found himself transformed in his bed into a horrible vermin. He lay on his armour-like back, and if he lifted his head a little he could see his brown belly, slightly domed and divided by arches into stiff sections. The bedding was hardly able to cover it and seemed ready to slide off any moment. His many legs, pitifully thin compared with the size of the rest of him, waved about helplessly as he looked.

"What's happened to me?" he thought. It wasn't a dream. His room, a proper human room although a little too small, lay peacefully between its four familiar walls. A collection of textile samples lay spread out on the table—Samsa was a travelling salesman —and above it there hung a picture that he had recently cut out of an illustrated

14

Metamorphosis

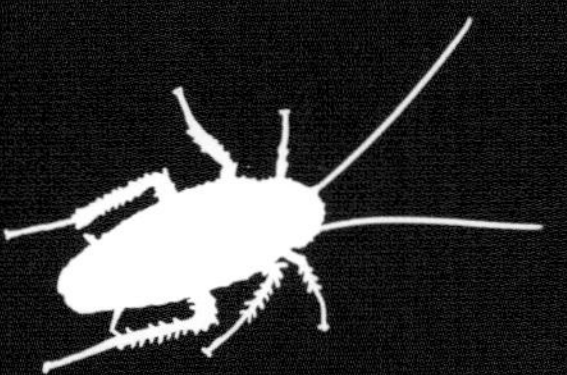

One morning, when Gregor Samsa woke from troubled dreams, he found himself transformed in his bed into a horrible vermin. He lay on his armour-like back, and if he lifted his head a little he could see his brown belly, slightly domed and divided by arches into stiff sections. The bedding was hardly able to cover it and seemed ready to slide off any moment. His many legs, pitifully thin compared with the size of the rest of him, waved about helplessly as he looked.

"What's happened to me?" he thought. It wasn't a dream. His room, a proper human room although a little too small, lay peacefully between its four familiar walls. A collection of textile samples lay spread out on the table—Samsa was a travelling salesman —and above it there hung a picture that he had recently cut out of an illustrated

14

↑
浅色模式（左）和深色模式（右）的例子，以及弗朗茨·卡夫卡的《变形记》一书中的段落。对于大多数人来说，在大多数情况下，阅读长篇文字时首选浅色模式。但深色模式更能突出图像。

80

永远不要放弃完全的控制权。

界面越灵活，用户的控制权就越大。但用户的控制能力越强，界面就越复杂。我们希望给予用户多少控制权，实际上取决于目标用户。如果产品是要广泛使用的，那么用户就应该受到一定的限制，但如果产品是为高度专业化的专业人士设计的，那么最好还是尽可能给予用户更多的控制权。

允许用户使用轻松返回、取消、关闭或撤销的基本控制，保持灵活性是必然的，任何界面都应支持。但是，允许用户完全定制自己的体验应该只留给专业人士，或者根本就不应该给予。快乐的中间点通常是，日常用户有足够的灵活性，可以自助编排或决定自己的偏好，但又不会有太多的控制权，使工具变得过于复杂（见原则46）。

让我们以艺术指导协会的客户为例，简称ADG，由从事电影和电视工作的艺术总监、布景设计师、插图画家和图形艺术家组成。协会的一些成员每天都要使用极其复杂和高度定制化的软件，而另一些成员在日常工作中则几乎不接触电脑。我们必须确保我们设计的系统同时适用于这两种人（见原则19）。

对于所有ADG成员的新网站主页，我们给予他们唯一的控制权就是他们自己的个人资料部分。会员可以列出自己的技能和联系信息，上传自己作品集中的图片或参与制作的剧照。我们还让他们可以控制哪些信息是他们想向所有人公开的，哪些信息是他们只想让其他会员看到的。这就是他们被赋予的所有控制权。

作为设计师，我们的工作就是在灵活性和控制性之间寻找最佳平衡点。如果目标受众在技术上非常成熟，或者使用界面非常专业，那么就应该给予他们更多的控制权，但绝不是完全的控制权。但是，如果我们设计的界面应该是每个汤姆、迪克和哈里都能使用的，那么我们就需要非常清楚地知道，我们想给他们什么程度的控制权，以及为什么。否则，我们就有可能创造出不必要的复杂工具，这些工具充满了强大的功能，但最终却无人使用。

→
艺术指导协会是一个代表电影和电视专业人员的工会，其会员可以控制自己的个人主页是否公开。他们还可以添加自己的简历、联系信息、技能、工作经验、参与制作的作品、工作地点以及获得的荣誉，但他们无法控制个人主页的设计。

RYAN GROSSHEIM

ASSISTANT ART DIRECTOR - FILM

SEND E-MAIL
IMDB PROFILE
WWW.RYANGROSSHEIM.COM
TUMBLR.RYANGROSSHEIM.COM
PDF RESUME

AGENT: DAN BROWN
AGENCY: BROWN LLC
AGENCY PHONE: 123-456-6788
AGENCY CELL: 123-456-6788
E-MAIL AGENT

YOUR PROFILE IS SET TO **PUBLIC** CHANGE

CHANGE PASSWORD

Ryan Grossheim is a Production Designer & Art Director for film/television based in southern California. He also works as a scenic designer and concept artist for themed entertainment and theatre with clients including the San Diego Zoo.

SKILLS

Scenic Painting: Theatrical
Computer/Design: Adobe Illustrator
Computer/Design: Adobe InDesign
Computer/Design: Adobe Photoshop
Computer/Design: Vectorworks
Drafting/Models: Foamcore Models
Drafting/Models: Finish Models
Title/Graphics: Logo Design
Title/Graphics: Production Graphics
Computer/Design: AutoCAD (AutoDesk)
Computer/Design: SketchUp

EXPERIENCE

Extensive Experience in Design for Theatre and Themed Entertainment

MFA - Design & Technology - San Diego State Dept. of Theatre, Television and Film

Lorem ipsum dolor sit amet, consectetuer adipiscing elit. Aenean commodo ligula eget dolor. Aenean massa.

Mac and PC proficient

RECOGNITION

Emmy Award for Hairspray Live!
ADG Nomination for Hairspray Live!
Emmy Nomination for The Voice
ADG Nomination for The Voice

LOCATION EXPERIENCE

Los Angeles, Boston, Chicago

CREDITS

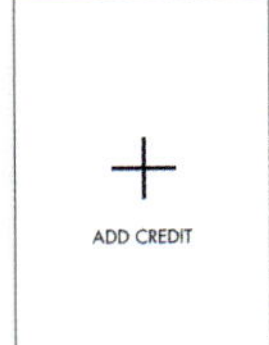

MINDHUNTER
SEASON 1, 2
ASSISTANT ART DIRECTOR

THE GOOD PLACE
SEASON 1, 2
ASSISTANT ART DIRECTOR

HAIRSPRAY LIVE!
ASSISTANT ART DIRECTOR

81

个性化是一个不确定因素。

如果说定制是为了让用户拥有控制权，那么个性化则是为了让系统拥有控制权，根据用户以前的行为来决定它认为用户想要什么。在利用数据更好地了解用户和利用数据跟踪用户之间，存在着微妙的界限。在准确无误的推荐和完全错误的推荐之间，还有一条更细的界线。

基于用户在知情的情况下，对明确提供的数据（如调查或表单）进行个性化是完全无害的。但是，当我们根据用户可能根本没有意识到的数据（如位置或设备数据）来使内容个性化时，就有点像跟踪狂了。而当我们开始根据用户的行为模式进行推荐时，就开始变得恶心了。

当Spotify让我们发现自己喜欢的新音乐，或者Netflix为我们提供了下一步观看内容的完美建议时，我们会感觉很神奇。但是，当系统根据用户的搜索和最近的购买记录推断出用户已经怀孕，然后在屏幕另一端，用户流产几个月后，收到大肆推销婴儿用品的广告，这就不仅仅是小过错，而是会产生创伤了。是的，这确实发生过。这也暴露出，所有这些基于数月（有时甚至数年）数据收集的定向内容并不像我们想象的那么聪明。

根据客户参与公司Twilio的一份报告，69%的人表示，只要是通过他们在知情的情况下直接共享的数据，他们就可以接受个性化的内容。因此，收集数据的道德准则是首先征得用户的同意。但问题是，大多数公司都不会征求用户同意，即使征求了，大多数人也不会仔细阅读（见原则14）。

这里真正的问题是，过去或当前的行为是否一定预示着未来的愿望？我们都喜欢发现和接触意想不到的事情，但如果事情的发展轨迹过于与预期接近，或者我们感觉有其他的事情被隐藏起来，那就很令人讨厌了。

对我来说，我希望能够在任何时候都能选择加入或退出共享我的数据。例如，写这本书毁掉了我多年来精心收集的我的音乐爱好数据，因为我只能在听背景爵士乐时写作。所以现在我最喜欢的数字产品（Spotify Discover Weekly）被这些手机的数据彻底毁了，因为它只推荐更多的背景爵士乐，这需要好几年才能恢复过来。

82

一字胜过千幅画。

尽管我使用电子邮件已经超过25年了，但我仍然有50%的时间会把“附加文件”图标和“插入链接”图标搞混。我也不敢更改洗衣机的设置，因为我不知道其他图标是什么意思，也懒得去看说明书。每次汽车仪表盘上的图标开始闪烁，我都不知道自己该有多担心，因为我不知道它可能意味着什么。

不只是我。为了更好地了解我们与图标之间的关系，UIE进行了两项实验。当他们改变了图标的外观，但将它们保持在同一位置时，用户能够适应并完成他们的任务，而无须付出额外的努力。但是，当他们保持原有图标的设计，并将其位置进行调整时，人们就会感到非常困惑，有些人甚至无法完成最基本的任务。因此，这说明人们记住了图标的位置，却记不住它们的样子。

图标的问题在于，很少有图标是无处不在的，以至于不需要一个描述性标签。事实上，这类图标非常少，我现在就可以把它们列出来：代表家的房子、代表打印的打印机、代表搜索的放大镜、代表设置的齿轮、代表喜欢的心、代表文件的文件夹、代表邮件的字母、代表聊天的语音气泡、代表编辑的铅笔、代表加载的旋转器、代表通知的铃声、代表删除的垃圾桶、代表添加到购物车的购物车、代表照片的摄像头、代表位置的大头针、代表安全的锁、代表播放的箭头以及代表用户个人信息的人像剪影。

除了这些例子，几乎所有其他图标（包括汉堡包菜单图标）都有可能至少对某些用户产生歧义。这并不是因为它不能隐喻用户在现实世界中可以联系到的事物，而是因为它在不同界面中的含义是不同的。让我们以星星图标为例。点击星星是意味着我们要将其保存起来，还是意味着我们要对其进行评分？这要看情况。这种缺乏标准化的情况就像是在学习一门语言，单词的含义会随着说话者的不同而不断变化。

图标的最佳特点是易于识别、节省空间、美观、可作为良好的触摸目标，而且与语言无关。它们还能让设计系统更有凝聚力，更容易识别。然而，在最糟糕的情况下，它们会显得多余、难以解读，并对整体用户体验造成损害。如果有疑问，最好总是为图标配上文字说明，如果做不到，至少也要把图标放在预期的位置，这样用户仅凭肌肉记忆就能知道去哪里找它们。

83

了解销售漏斗。

普通人购买东西被称为B2C（企业对消费者），而公司购买整个解决方案被称为B2B（企业对企业）。区分两者之所以重要，特别是在电子商务方面，是因为消费者和公司的目标不同。消费者可能会在15分钟或更短的时间内做出购买决定，而公司在确定合作伙伴或供应商之前，会首先经过漫长的研究、评估和谈判过程。

以我们为Markforged（B2B领域的工业级3D打印机制造商）所做的项目为例。他们的销售周期要比生产个人家用3D打印机的公司的销售周期长得多。这是因为，与选择一台能让您在家打印塑料尤达的3D打印机相比，改变整个制造流程是一个更大、风险更高的决定。

另一个重大区别是，在B2B领域，电子商务绝不是“放入购物车”那么简单。事实上，你几乎永远看不到前面的价格。即使有，也通常是近似值。B2B领域的定价基于购买量和所需的技术支持或系统集成水平，因此几乎总是可以协商的。大多数B2B公司（包括Markforged）都有完整的销售团队，随时准备讨论潜在的销售，但这一过程仍然是老式的、超人性化的“让我给你打个电话”的方式。

但是，在决定打电话之前，公司首先会在网上进行调查和选择。研究工作通常由初级员工完成，他们会收集白皮书、视频、推荐信、技术规格和演示等资料，为其经理建立一个案例。然后，经理会查看这些选项，评估哪些解决方案最符合他们的需求，最后将名单缩小到只有少数几个潜在合作伙伴或供应商。

对于Markforged而言，我们的目标是支持入门级员工的研究工作。他们的研究做得越好，Markforged进入候选名单的机会就越大。如果Markforged直接向消费者销售，我们的方法就会完全不同。在这种情况下，我们的目标是让用户尽快完成购买流程。

虽然方法不同，但构成良好用户体验的所有规则（清晰的信息架构、高可用性、出色的美学和品牌形象、通往用户目标的捷径以及组织良好的相关产品信息）仍然重要（见原则74）。这是因为公司是由整天与B2C界面打交道的普通人组成的。我们直接向公司销售产品，并不意味着我们可以省略基础知识。

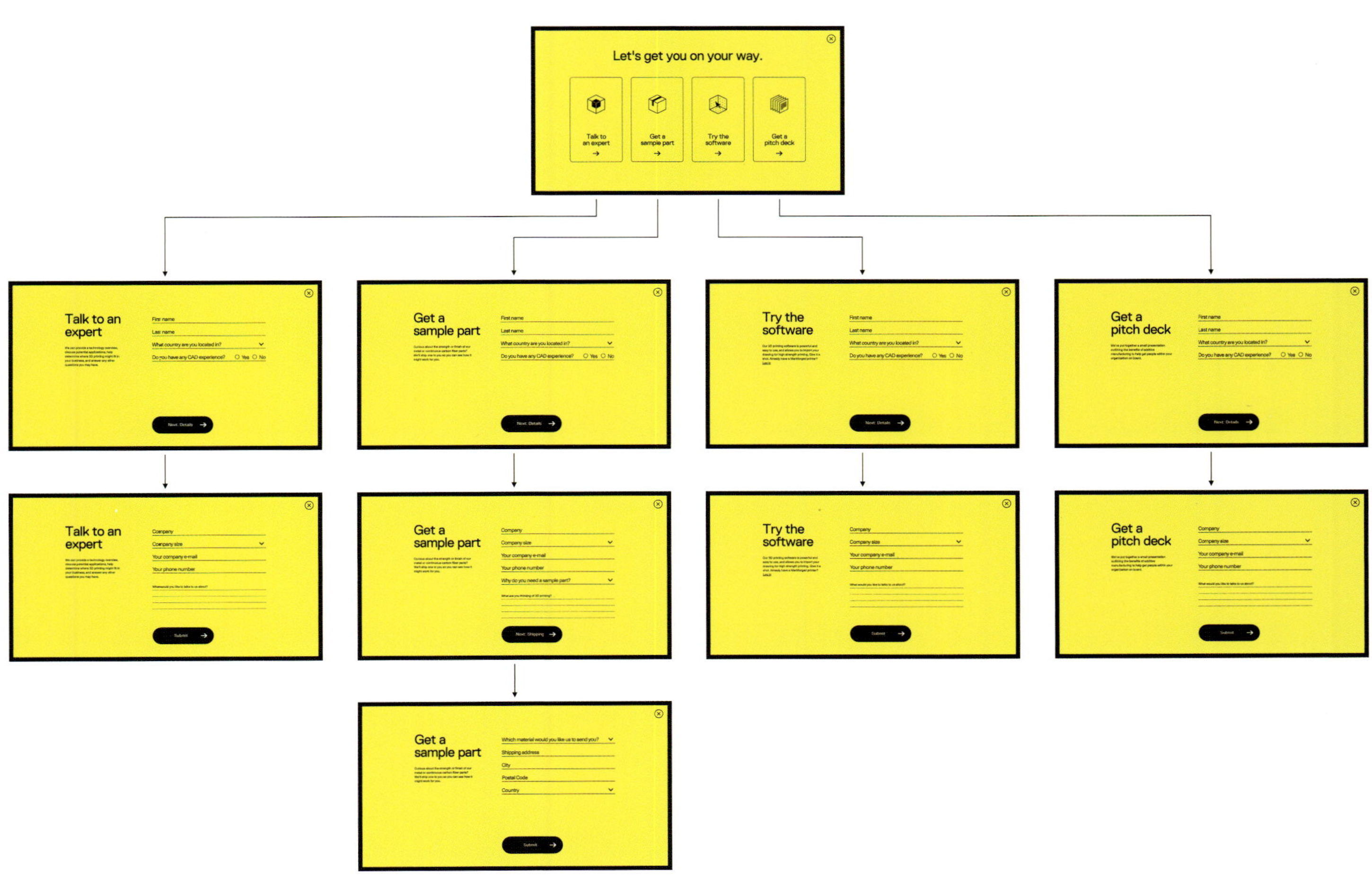

↑
Markforged的目标不是推动用户通过销售漏斗，而是帮助人们更好地了解公司的产品。

84

锁定正确的设备。

据Statista统计，全球只有约一半的家庭拥有台式电脑，但现在全球约75%的人口拥有智能手机。这一鸿沟每年都在扩大。智能手机的流量约占全球互联网总流量的60%，因此创建一个将移动设备界面纳入的设计系统是毋庸置疑的。

这使得移动设备界面变得极为重要。2009年，谷歌产品设计师卢克·沃博尔斯基认为，为了减少移动界面中过于复杂的功能，我们必须“移动设备优先”地进行设计，而不仅仅是简单地将电脑桌面界面中的所有功能缩小。

然而，移动设备优先设计方法的问题在于，它往往意味着仅限于移动设备。界面在移动设备上看起来很棒，但在台式电脑上却显得笨拙空洞。这也意味着，当新的甚至更小的设备（如智能手表）被引入生态系统时，我们也会遇到同样的问题：设计无法缩小。

重要的是要记住，我们与设备互动的方式并不相同。移动设备在我们手中，随时随地与我们在一起。我们在无聊时使用它们，或将它们带到我们需要去的地方。而台式电脑则主要用于家庭或工作中，需要更加专注和精确的活动。

世界上大多数人通过智能手机上网，并不意味着我们的大多数实际用户也是如此。与其首先针对一种设备进行设计，不如从一开始就将所有实际使用的设备——台式机、手机、平板电脑和其他设备，都摆在桌面上。这样我们就能考虑到每种设备的优缺点，设计出不仅适合屏幕尺寸，而且适合使用环境的产品（见原则26）。

在我们的工作室，当我们开始设计时，我们已经规划出了所有功能，并知道哪些设备是用户最常用的。有了这些知识，我们就能根据实际需求和设备使用情况，做出针对具体设备的设计决策，从而使我们的设计更有可能在所需的所有设备上都表现出色。

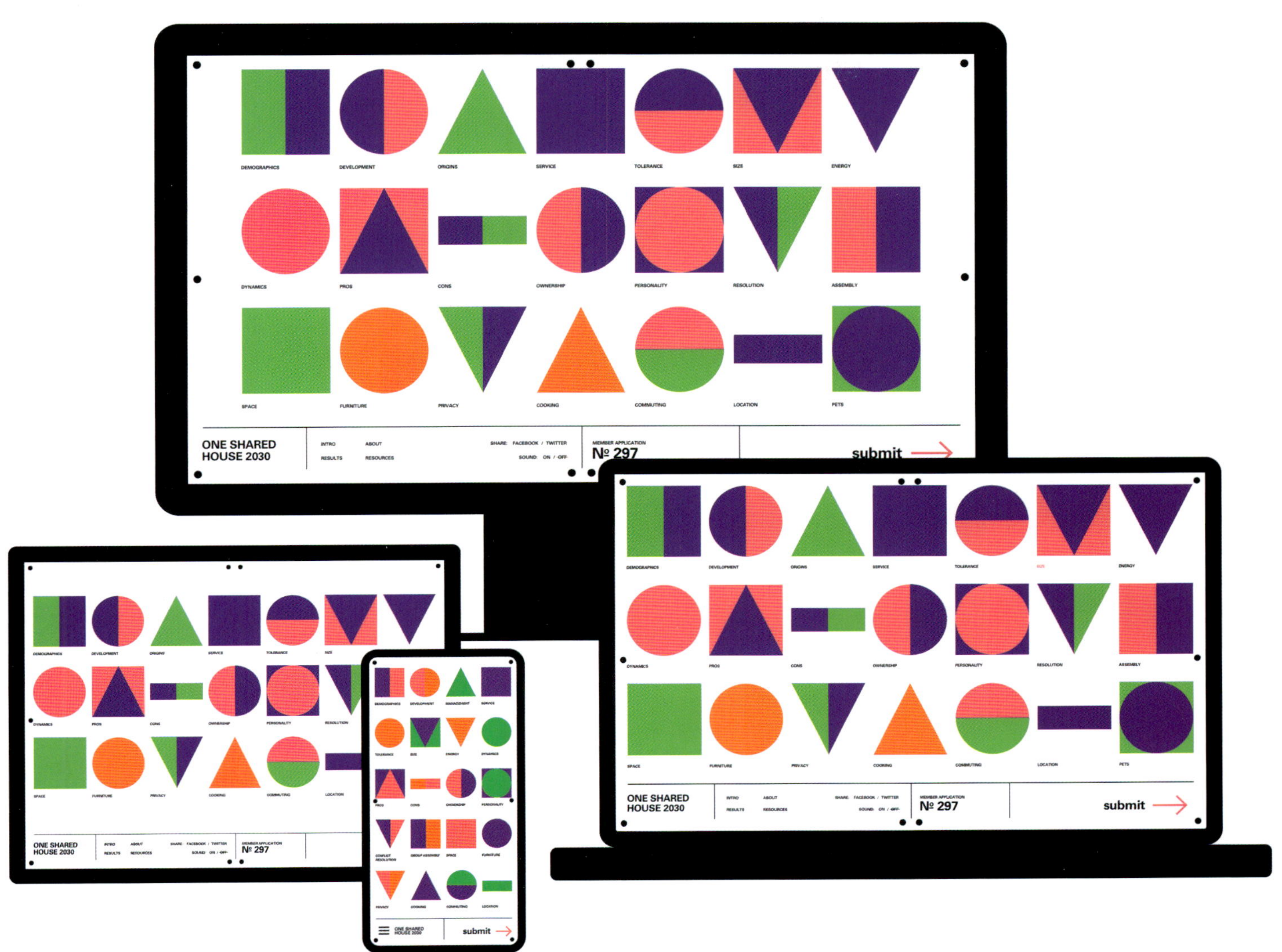

↑
我们知道人们会通过各种设备访问互动设计项目《2030年的合租房》（这是我们与SPACE10和宜家合作开展的一个关于未来集体生活的项目），因此我们在设计时考虑到了不同的屏幕尺寸和使用环境。

85

设计系统对企业来说非常重要。

21世纪初，几乎所有有趣的网络体验都是由小型设计工作室使用现已失效的Flash技术定制的一次性产品。我们不必担心多种屏幕尺寸的问题，因为当时还没有发明iPhone，没有标准，没有人关心可访问性（见原则18），而且所有数字界面的更新都很麻烦。这个领域就是狂野的西部：既令人惊叹，又令人恐惧。

到21世纪末，情况开始发生变化。我们在移动设备屏幕上花费的时间越来越多，而移动设备屏幕已经不再支持Flash，而且现在大部分设计都是由大公司而不是小型工作室完成的。由于定制产品的设计需要花费大量时间，而且无法扩展，这些大公司转而使用设计系统来保持设计的一致性，这个系统是由数百名热心的设计师组成的新团队。

设计系统旨在优化产出和时间。设计系统将常用的设计元素文档化和模块化，使其成为一个真实的来源，这样新的设计人员就可以轻松上手，组件可以重复使用，用户无论使用何种设备或设计人员，都能获得一致的体验。但是，由于设计系统的创建非常耗时且难以维护，因此只有在大规模运行时创建设计系统才有意义。

这就是为什么设计系统往往只在大公司中产生。微软在2010年推出了现已停用的Metro设计语言，谷歌随后在2014年推出了Material Design，Salesforce和IBM都在2015年推出了自己的设计系统，AirBnB、Uber、Spotify等公司也很快跟进。所有这些大公司的共同点都是其庞大的影响力和规模。如果不能在所有设备和屏幕尺寸上使用统一的视觉语言，就不可能保持协调一致的外观和感觉。

从设计师的角度来看，设计系统把我们的创意职业变成了极其无聊的工作。这些系统所施加的限制几乎不允许对设计元素进行个人诠释，这让设计师觉得自己就像只负责组装的生产猴子，而不再是设计者。即使是这类公司中最资深的设计师也不是真正的设计人员。他们做决定，想策略，但他们不再是真正的设计者。

当定制产品被批量生产的设计所取代时，生产速度会加快，成本会降低，产量会增加，优秀的设计师也会被其他设计师所取代，而所有这一切都不会损失任何质量。此外，当所有产品都具有相同的外观和感觉时，设计也会变得更易于人们使用。但是，所有这些惊人的好处都是有代价的。这个代价就是设计师的自由，这也是我永远无法成为任何一家大公司的设计师的原因。

→
在为具有既定形象的大公司（如Spotify）进行设计时，设计出在所有垂直领域都保持一致的作品比设计师的个人表达更为重要。

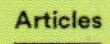

Events Team

Spotify Design

Hey, we're a group of music-loving designers, UX writers, researchers and data scientists making meaningful connections between fans and artists. And we make it all happen by understanding and putting people first.

ALL DESIGN INSIGHTS CASE STUDIES CULTURE

CASE STUDIES

What's it like to intern at Spotify as a Designer?

05/19/2017 | 12 min read

CASE STUDIES

Redesigning an entire Spotify icon suite.

05/19/2017 | 12 min read

DESIGN

What is good design?

86

模块化对设计师非常重要。

在我们的工作室，一旦我们设计出体验的主页，我们就会回头看看如何将设计分解成更小的块，这样我们就可以在整个体验中反复使用这些组件。换句话说，我们将设计模块化。

当我们将设计分解成小块，并在整个界面中重复使用和组合模块时，我们和我们的开发人员就可以将我们不喜欢做的事情（比如组装常见问题解答，或条款和条件等无趣但必要的页面）自动化，这样我们就可以将更多的时间花在有趣的工作上。

为了将设计模块化，我们首先要根据特性和功能矩阵中列出的功能，确定我们可能需要多少个独特的模板。我们的目标是将独特模板的数量保持在最低水平，这样就可以节省生产时间，并建立一种用户只须学习一次的设计模式。

在定义好所有模板后，我们会确定需要多少独特功能。我们称这些独特功能为“乐高积木”（毕竟我们是80后的孩子），这些乐高积木一旦设计完成，就可以在整个体验中重复使用，或者组合起来创建更复杂的功能。然后，只须在模板中填入所有必要的积木，添加文案和图片，就可以了！我们就有了一个实际的体验页面。

这不是什么新鲜事，也不是什么革命性的东西。每个设计工作室都有这种系统的某个版本。这是因为，一旦设计模块化并得到一致应用，就可以在不影响系统其他部分的情况下进行有针对性的修改。这不仅可以在生产过程中进行，也可以在产品发布多年后进行，从而使产品更具可持续性和可维护性。

重要的是要记住，模块化设计不是我们可以轻易追溯的。这需要在前期进行仔细的规划和考虑，而规划需要时间。但是，如果我们真的投入了这些时间，每个人最终都会在日后节省大量的时间。节省下来的时间可以用来设计和开发体验中真正重要的部分（见原则44）。

→
这个小例子展现了我们在香港M+博物馆网站上重复使用和组合设计元素。首先，我们设计了主页，然后将设计分解成更小的组件（乐高积木），再用这些组件创建所有其他页面。

20 Jan, 2020
28 Feb, 2020

M+ Presents:
The Film Life of Ann Hui

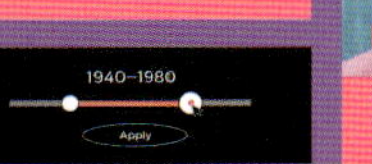

1940–1980

Apply

Screenings

18 Jan	20:00	Get Tickets
19 Jan	14:30	Get Tickets
	20:00	Get Tickets
22 Jan	21:30	Sold Out

Zhang Xiaogang
Bloodline Series- Big Family No. 17-1998

Audio Transcript +

M+ and the West Kowloon Cultural District Authority

Overview →
M+ Board →
M+ Board Committees →
Board of M+ Collections Limited →

Getting Here

20 Dec, 2019
12 Apr, 2020

Samson Young: Songs for Disaster Relief World Tour

Zhang Xiaogang
Bloodline Series- Big Family No. 17-1998
1998

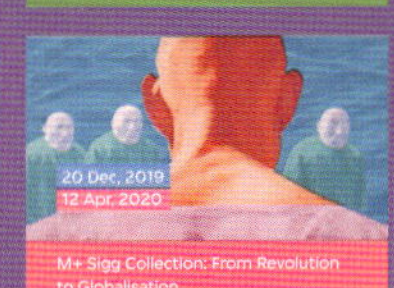

20 Dec, 2019
12 Apr, 2020

M+ Sigg Collection: From Revolution to Globalisation

A Look at Globalisation and Language in Contemporary Chinese Art

Our Collections

Type +
Language +
Audience +
Location +
24 Jan, 2028

January 2028

Mon	Tue	Wed	Thu	Fri	Sat	Sun
		1	2	3	4	5
6	7	8	9	10	11	12
13	14	15	16	17	18	19
20	21	22	23	24	25	26
27	28	29	30	31		

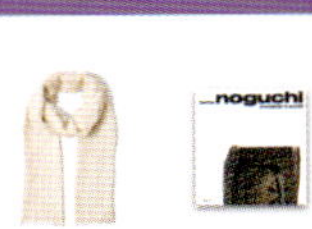

Noguchi: A Sculptor's World

Details

Tanaami Keiichi: A World of Collages

Zhou Tiehai

14 Jan, 2020
24 Mar, 2020

Get Tickets

2004

1,510

1979–2012

Collection Objects

Apply

Proceedings: Four Iterations of Hong Kong in Venice

Andrew Lee King Fun
North-east elevation (facing Hoi Bun Road), Pacific Trade Centre, Kwun Tong, Hong Kong

M+ Collection

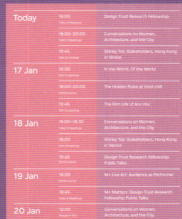

Today	16:00	Design Trust Research Fellowship
	18:00–20:00	Conversations on Women, Architecture, and the City
	19:45	Shirley Tse: Stakeholders, Hong Kong in Venice
17 Jan	16:00	In the World, Of the World
	18:00–20:00	The Hidden Pulse at Vivid LIVE
	19:45	The Film Life of Ann Hui
18 Jan	16:00–18:30	Conversations on Women, Architecture, and the City
	18:00	Shirley Tse: Stakeholders, Hong Kong in Venice
	19:45	Design Trust Research Fellowship Public Talks
19 Jan	16:00	M+ Live Art: Audience as Performer
	19:45	M+ Matters: Design Trust Research Fellowship Public Talks
20 Jan	12:00	Conversations on Women, Architecture, and the City

M+ Building in Progress

11 Nov, 2021
6 Oct, 2022

M+ Sigg Collection: From Revolution to Globalisation

M+ Rover Recap 2020

M+ Rover x Lee Hysan Foundation

The M+ building designed by Herzog & de Meuron is an iconic presence overlooking Victoria Harbour.

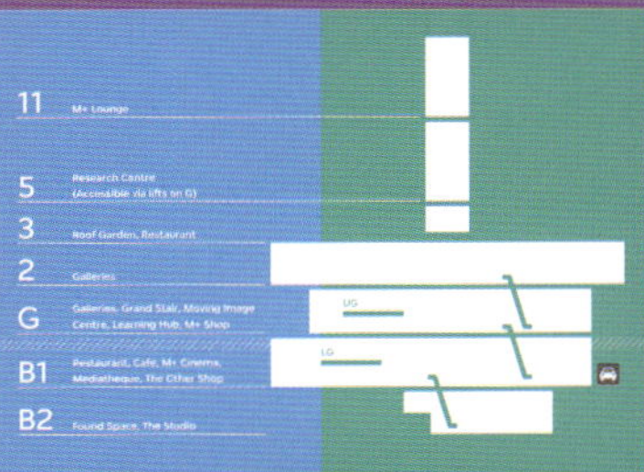

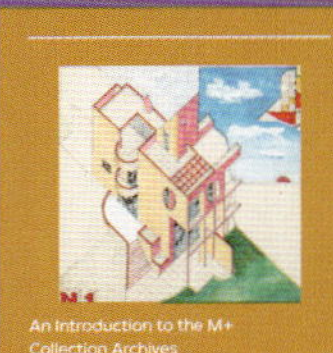

An Introduction to the M+ Collection Archives

Exploring the Hong Kong Architecture Archives of Wong & Ouyang

1	Adult	$312	$312
0	Child (ages 6 and below)	$156	$0
0	Child (ages 7–17)	$156	$0
0	Full-time Student	$156	$0
0	Senior (ages 60 and above)	$156	$0
0	Persons with Disabilities	$156	$0
0	Companion for Persons with Disabilities	$156	$0
0	DISCOUNT M+ Members / Patron	$276	$0
0	DISCOUNT 25% Discount Ticket		$0
Total			$312

87

期待意外。

我们创建的最复杂的设计系统之一是重新设计的2012年《今日美国》网站的一部分。我们不仅要创建一个可以很容易地为其母公司甘尼特旗下的所有其他报纸贴上白标签的系统，还要确保为整个体验提供支持的内容管理系统足够灵活，这样编辑们就可以在新闻爆出后很容易地改变主页上新闻文章的优先级。

由于我们制作的每个产品最终都会交到客户手中，因此我们非常习惯于制作自助发布工具，这样客户就可以自己对网站内容进行更新。然而，在《今日美国》的案例中，他们需要比我们开发更强大的布局选项和自助发布工具，这是我们第一次让客户有能力完全按照自己的需求定制主页。

我们为非常重要的新闻、有点重要的新闻和不太重要的新闻创建了各种不同的模块（见原则86），编辑们可以从中挑选，在一天中组合出他们自己版本的主页。我们还为发展中的新闻（如战争报道）、经常性新闻（如奥运会或奥斯卡颁奖典礼）和突发新闻制作了单独的模块。就在这时，我们收到了一个不同寻常的请求。

当我们正在研究突发新闻模块的所有不同实例和变体时，甘尼特公司当时的执行创意总监要求我们创建一个我们内部开始称之为“911开关”的东西。在我们的多次会议中，我们讨论了网站的设计系统如何能够适应，例如在今天发生的类似“911事件”的情况。

我们最终确定了一种提示灾难的版面设计，即整个主页将被一篇文章和标题占据，压制当天所有其他新闻报道。这种极端的版面只有在发生类似911事件的情况时才会使用，而且《今日美国》内部只有极少数人能够授权使用。事实上，我们对启动协议非常重视，以至于我们开玩笑说，发射一枚核导弹比启动“灾难版面”要容易得多。

幸运的是，我们从未使用过灾难版面，但如果使用过，我们也会做好充分的准备。这就是一个好的设计系统的最终目标：未雨绸缪，设想未来可能影响设计的所有可能情况。如果你能做到这一点，如果你在系统中建立了坚实的“如果这样，那么那样”的逻辑，就不太可能出现黑客攻击来破坏设计的情况。

→
《今日美国》网站上正常新闻日与国家或国际灾难发生时主页的对比示例。

USA TODAY
NEWS
SPORTS
LIFE
MONEY
TECH
TRAVEL
OPINION
FIRST FIVE
Voters not enthusiastic about GOP field
Deadline passes for Occupy D.C. camps
Santorum, Romney neck-and-neck nationally
Jets vs. Jiants at 8:30 PM
Public push for Obama budget
MARKETS
POLITICS
Obama proposes home refinancing plan
Read Story
By Brad Heath
USA TODAY
Obama proposes home refinancing plan
Rescue operations resume on ship off Italian coast
Polls: Three-way tossup in Alabama, Mississippi
Syrian rebels withdraw from enclave
Greece faces second day of general strike
Japan marks 1 year since disaster
POLITICS
LIFE
NATION
LIVE FEED
Most Discussed
Perry closes campaign, endorses Gingrich
Most Discussed
Some say Greek debt deal will make things worse
Irene commented:
Chinese New Year celebration in New York City
"I think that one morning, when Gregor Samsa woke from troubled dreams, he found himself transformed in his bed into a horrible vermin ..."
Most Shared
Obama: My budget will help recovery
Jane commented:
Russian drillers reach huge lake below Antarctica
Carpenter's next movie theme?"

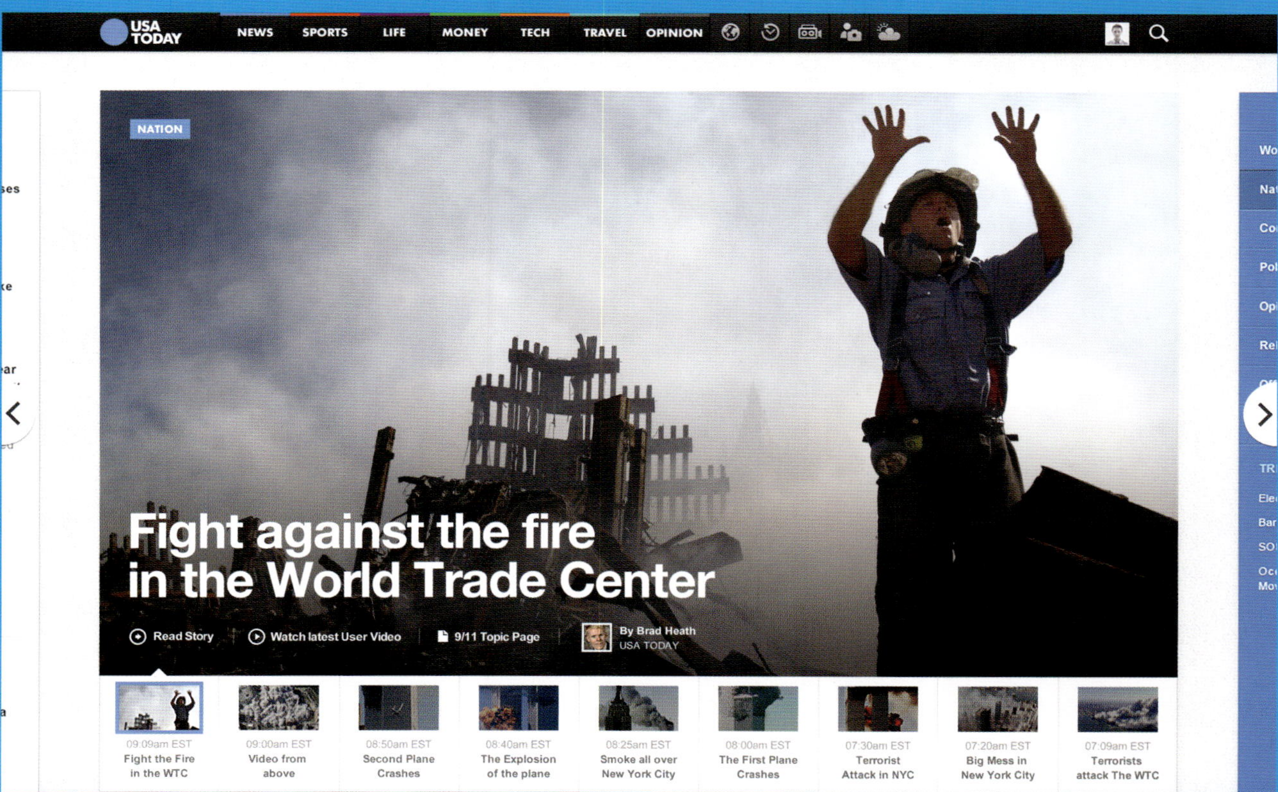
USA TODAY
NEWS
SPORTS
LIFE
MONEY
TECH
TRAVEL
OPINION
NATION
Fight against the fire in the World Trade Center
Read Story
Watch latest User Video
9/11 Topic Page
By Brad Heath
USA TODAY
09:09am EST
Fight the Fire in the WTC
09:00am EST
Video from above
08:50am EST
Second Plane Crashes
08:40am EST
The Explosion of the plane
08:25am EST
Smoke all over New York City
08:00am EST
The First Plane Crashes
07:30am EST
Terrorist Attack in NYC
07:20am EST
Big Mess in New York City
07:09am EST
Terrorists attack The WTC

错误或任何形式
不够清晰造成的
用户的错。

的误解总是系统

。它们从来不是

88
语音助手很糟糕。

每当我们与Alexa、Siri或其他语音助手交谈时，我们都是在与人工智能进行交互，更确切地说，是和一种利用丰富数据集去处理、理解和回应人类语言的机器学习自然语言算法交互。但是，由于交流是我们生物学中根深蒂固的一部分，我们对这种交流的工作方式有一定的期望。

语音助手本应从根本上改善我们的生活。它们本应节省我们处理事务的时间，帮助行动不便的人更轻松地与外界联系，甚至为老人提供陪伴。但是，尽管语音助手取得了长足的进步，并能在许多方面提供帮助，但它们在最基本的任务上仍然经常出现故障，因此并不可靠。根据卢普基金的研究，语音助手出错的比例在10%～40%之间。

语音助手能很好地理解简单的语言提示，比如跳过一首歌、检索天气或查找事实（除非你有语言障碍或口音重）。但在理解人类语言的复杂性和细微差别方面，语音助手的表现就很糟糕了。它们无法填补任何缺失的细节，不理解讽刺、成语、上下文和比喻等事物，也无法假设替代方案或未来事件。

实际上，它们也不能为我们节省任何时间。语音助手的请求必须非常具体，而且它们必须以过于呆板和啰嗦的方式做出回应，才能让人明白请求已被理解。‘嘿Siri，把比约克的《男孩维纳斯》加入我的周日早晨播放列表。”“明白，将比约克的《男孩维纳斯》加入你的周日早间播放列表。”在等待Siri停止说话的时间里，我本来可以自己添加的。

即使在不久的将来，机器学习技术会有长足进步，但大部分进步也只能在英语领域取得。语法丰富、词序自由的语言，例如大多数斯拉夫语，很难训练机器学习模型。此外，这种方法成本高昂。由于每种语言都需要自己独特的丰富数据集，因此在不久的将来，人口较少或贫穷的国家不太可能投资语音助手。

与电脑进行真正的、正常的、像人类一样的对话将是一件了不起的事情，但前提是它必须百分之百地准确，百分之百地一直准确。否则就会非常烦人。而且，由于沟通是双向的，一方的失败就意味着双方的失败。因此，当我们与语音助手的沟通不可避免地出现问题时，它不仅会让我们想起最不喜欢的那类人和对话，还会让我们对自己产生不好的感觉。

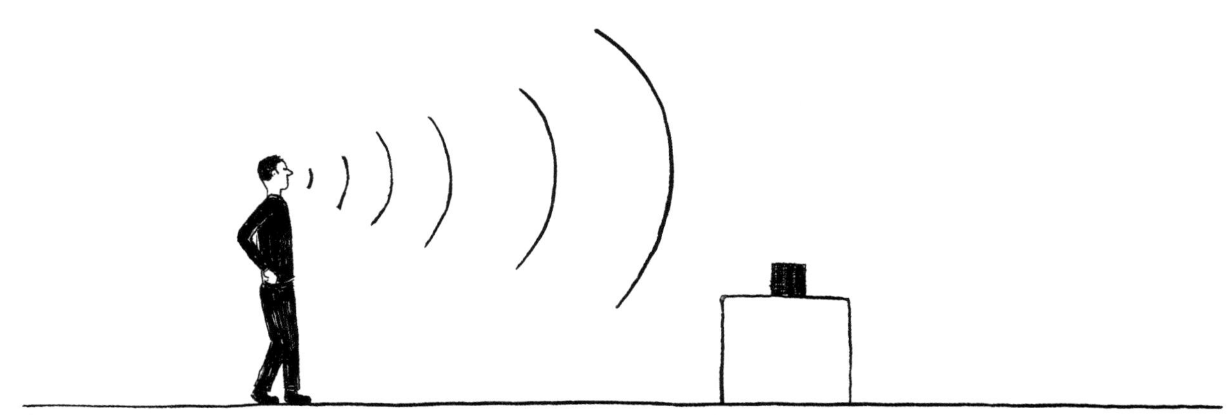

89

不要要求不必要的东西。

2000年代我在幻想互动公司工作时，公司创始人经常说，用户在做决定时有三个电池。他们愿意做一个决定，然后再做另一个决定，但不要让他们在第三个选项之后再做选择，否则他们很可能就放弃了。

我们从可用性研究中了解到，决策疲劳是一种真实存在的现象。我们给用户提供的选择越多，他们就越有可能放弃正在做的事情（见原则24）。这就是默认设置的作用所在。当我们为用户预设选择时，就能最大限度地减少他们需要做出的决定，帮助他们节省阅读或键入的时间，同时也降低了他们出错的可能性。

默认值有两种类型。第一种是“有根据的猜测”（educatedguesses），它将默认值设置为绝大多数用户（例如95%）会选择的选项。例如，当我们尝试预订航班时，“出发地”表单字段已根据我们的地理位置数据预填了我们当前所在的城市，而“出发”表单字段已预填了明天的日期。

第二种默认设置是基于用户之前提供的信息。如果事先知道付款详情或地址和电话号码，就可以轻松预填。或者，如果系统知道我总是在周一给我的清洁二寄50美元，就像我的银行一样，它也会帮助我预填所有这些信息。

在预填可能会让人不舒服的信息时，如性别或公民身份，最好不要做任何假设。由于人们倾向于使用默认设置，因此避免使用欺骗性的用户体验模式也极为重要，这种模式专门用来欺骗用户，让他们做一些无意为之的事情，或者只对企业有利（见原则5）。

由于人们倾向于将默认设置视为一种推荐，因此，如果默认设置是个性化的，虽然可以轻松更改，但效果会最好。在你考虑了所有不同的选项之后，回去记录所有可能的默认设置，这将有助于加快速度。如果方法得当，默认设置不仅能消除阻碍，让用户快速上手，还能让用户更乐意在未来再次访问该产品。

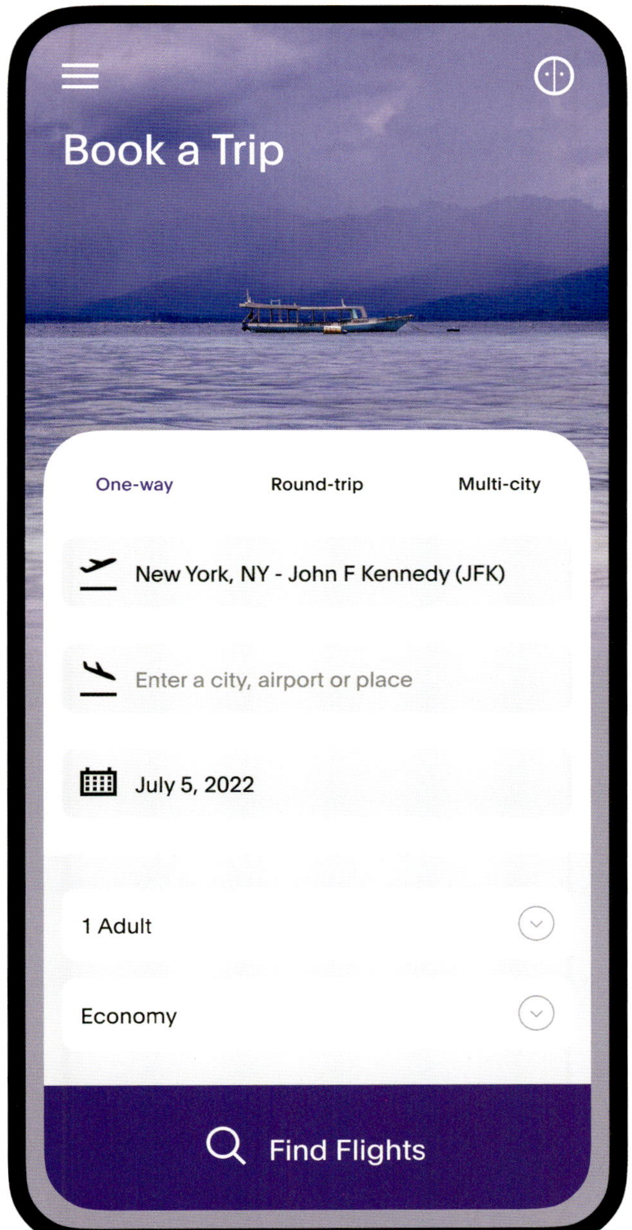

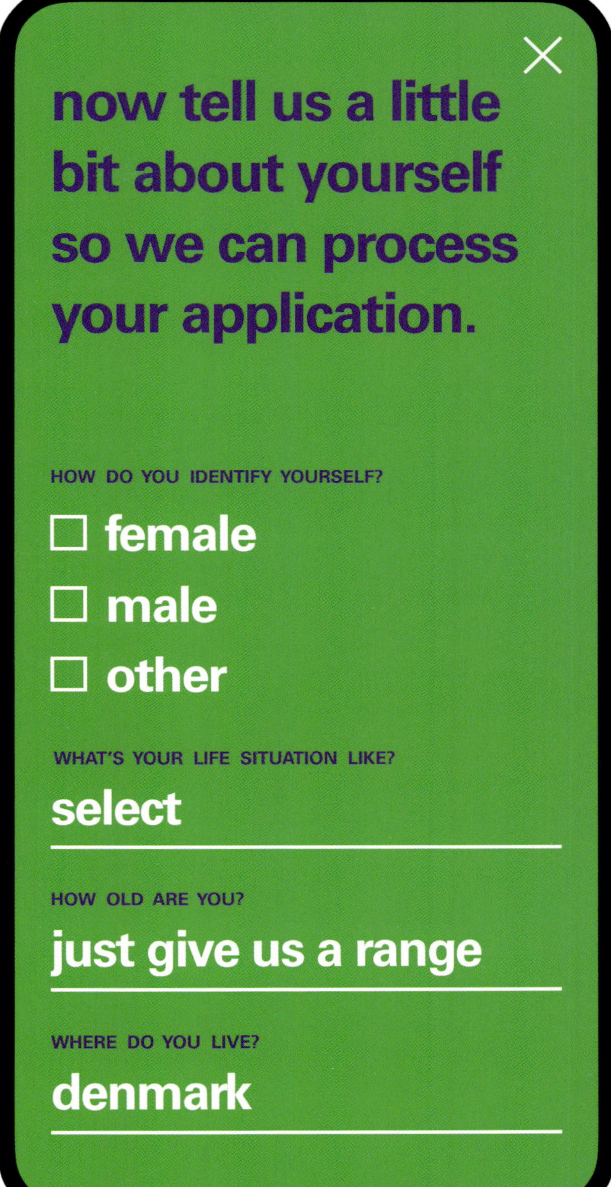

↑
当我们根据有根据的猜测（左图）预填尽可能多的表单字段时，这对用户很有帮助。不过，在涉及性别等敏感信息时，最好不要做任何假设（右图）。

90

有效管理错误。

最近，我试图登录我在纽约州政府网站上的账户，以检索一份税务文件。头几天，网站根本无法正常运行，没有解释原因，也没有说明什么时候能重新上线，当网站终于能正常运行时，却不允许我登录我的账户，因为根据错误信息，我已经有一段时间没有更改我的用户名了。“请先登录，然后更改您账户中的用户名”。既然一开始就不让我登录账户，那我还怎么登录？绝对是卡夫卡式的。

我们都知道，在美国，为任何类型的政府网站工作的用户体验设计师都会被关进地狱，但这不是本文要讨论的问题。本文要讨论的是，所有用户体验设计师都有责任提前发现潜在的错误，从而确保人们尽可能少出错。错误或任何形式的误解总是系统不够清晰的结果。这永远不是用户的错。

最好的错误是不会出现的错误。不能选择以前日期的日历、避免拼写错误的自动完成提示，或消除像我这样在国家正式名称为“Holland”时却打出“the Netherland”的可能性的国家下拉菜单，都是用户体验设计师用来确保人们不会首先出错的交互模式。

但我们不能完全排除出错的可能性。只要你要求用户在一个字段中输入内容，他们就有可能出错。这意味着系统与用户沟通的方式至关重要。

我们必须准确地在发生错误的地方，以引起用户注意的方式解释发生了什么，为什么会发生，以及用户可以做些什么来解决。如果用户无法解决错误（如纽约州政府网站根本无法运行），我们必须向用户解释系统瘫痪的原因，以及何时才能恢复运行。

虽然表面上看似简单，但错误处理实际上需要深入了解用户需求和系统的技术能力。当错误信息清晰明了时，人与机器之间的沟通鸿沟就被弥合了，人们不仅会感到更加舒适，而且会对自己解决问题的能力更加自信和自主。相信我，他们更愿意这样做，而不是花几个小时等待客户服务或拨打求助热线。

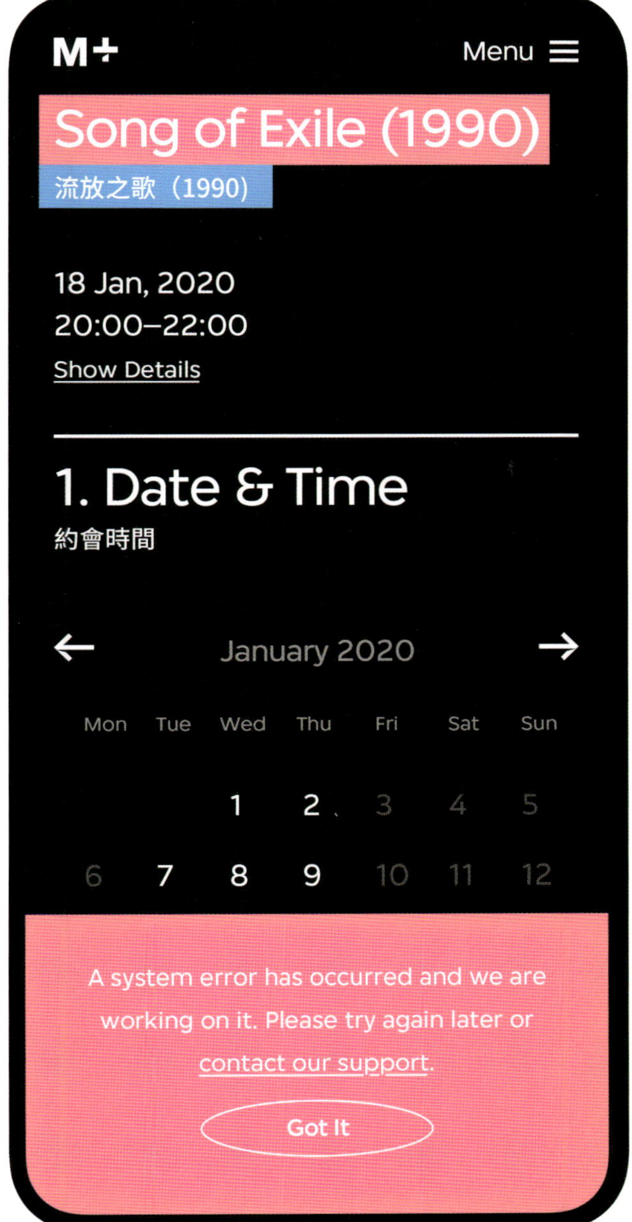

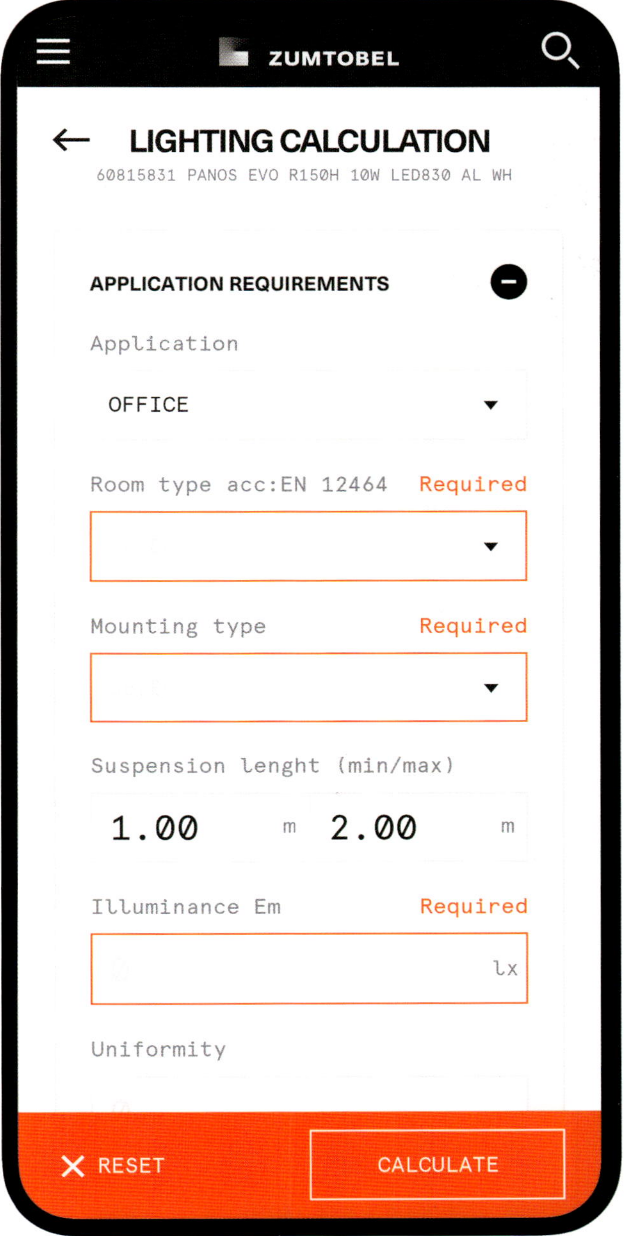

↑
无论发生什么错误，系统都必须在适当的位置提供适当的反馈，以便用户了解错误是超出了他们的控制范围（左图），还是他们可以自行解决（右图）。

91

接受多种输入。

确保用户在与界面交互时尽可能少出错的另一种方法是允许并计划用户的各种不同输入类型。允许表单接受大写字母和小写字母，或者在添加附件或上传图片时允许添加或上传不同的文件类型，这些都是设计本身在错误发生之前就能消除错误的例子（见原则90）。

这种宽松的输入处理方式源于20世纪90年代初，最初是为了允许不同的计算机使用不同类型的协议进行通信。由于互联网是一个松散连接的分布式系统，有各种不同的实现方式，它们都需要相互理解，如果严格遵守标准，就会导致许多协议错误和更少的网站上线。

互联网的早期先驱之一、美国计算机科学家乔恩·波斯特尔最先提出了实现这种相互操作性的设想。在描述TCP（互联网协议套件的主要协议之一）的早期规范时，他说了一句著名的话："在你做的事情上要保守，在你接受别人的事情上要开明。"换句话说，工作比完美地工作更重要。

尽管最初是针对TCP/IP而提出的，但它同样适用于HTML的解析。由于互联网的发展没有任何集中控制，因此这种观点认为，浏览器最好能显示即使是写得很差或不正确的HTML，而不是什么都不显示。

这也适用于我们从用户那里接受什么，以及我们如何处理他们在表单上输入的内容。通过灵活处理用户可能提供的各种输入内容，同时明确界定输入内容的界限，就能让在更多不同设备和浏览器上具备不同程度数字知识的用户轻松地与系统进行交互。

当我们提前计划好所有可能出现的特殊情况，并且系统在接受输入类型方面更加自由时，就可以实现许多不同系统之间的相互操作性，而这些系统并不在单一控制之下，也永远不会在单一控制之下。虽然从表面上看这似乎无关紧要，但可以肯定地说，如果没有这种自由的编程和输入处理方法，互联网永远不会像今天这样成功。

→
在我们为内容管理系统平台True设计的内容管理系统中，我们允许在创建新页面时上传各种类型的图片，从而减少出错的机会。

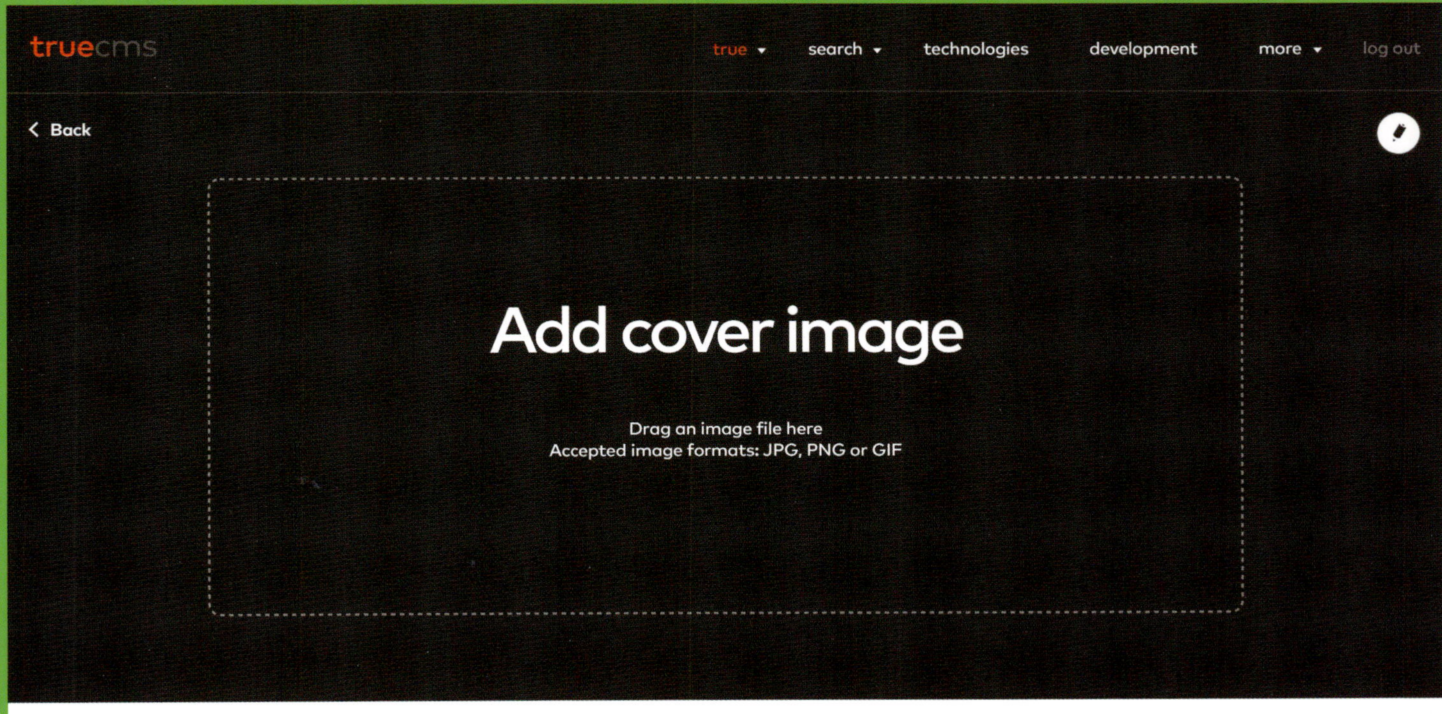

Title:

Story title

Source tag:

Publication title

Publish date:

Today 04/04/2019

Start writing your update

Text

Quote

Image

Video

Image gallery

Embed

Add component

92

确认用户操作。

每当我在健身房预订课程时，我都会按下“参加”键，但它并没有给我一条确认信息，告诉我已经成功加入该课程，而是把我带回主页。咦？到底有没有成功？我唯一能知道的办法就是进入我的账户再确认一遍，这就增加了一个完全不必要的步骤，而在按下“参加”键后，如果能立即显示一条“您已注册该课程！”的确认信息，就可以轻松避免这一步。

除了让用户知道系统已经记录了他们的操作之外，在某些情况下，仔细检查用户所做的是否是他们想要做的也很重要。这种刻意制造的阻碍可能会让人厌烦，但当用户试图做一些不可逆转的事情，或者他们因为在界面中移动得太快而犯错误时，我们就需要给用户提供撤销或退出不想要的决定的选项（见原则14）。

不过，重要的是要记住，只有重要且不可逆转的事情才需要让用户确认他们的选择。如果是很容易逆转的事情，比如从垃圾文件夹中找回已删除的电子邮件　那么有在浏览器顶部或底部停留几秒钟的简单“撤销”横幅就足够了。如果用户被不必要的确认信息轰炸，他们可能会学会忽略这些信息。

在设计和编写确认信息时，要记住的关键一点是，它应该尽可能清晰简洁，没有任何模棱两可之处。这是我们需要非常明确和正式（但不是不必要的措辞）的地方之一；如果信息不清晰，确认信息本身可能会导致更多错误。

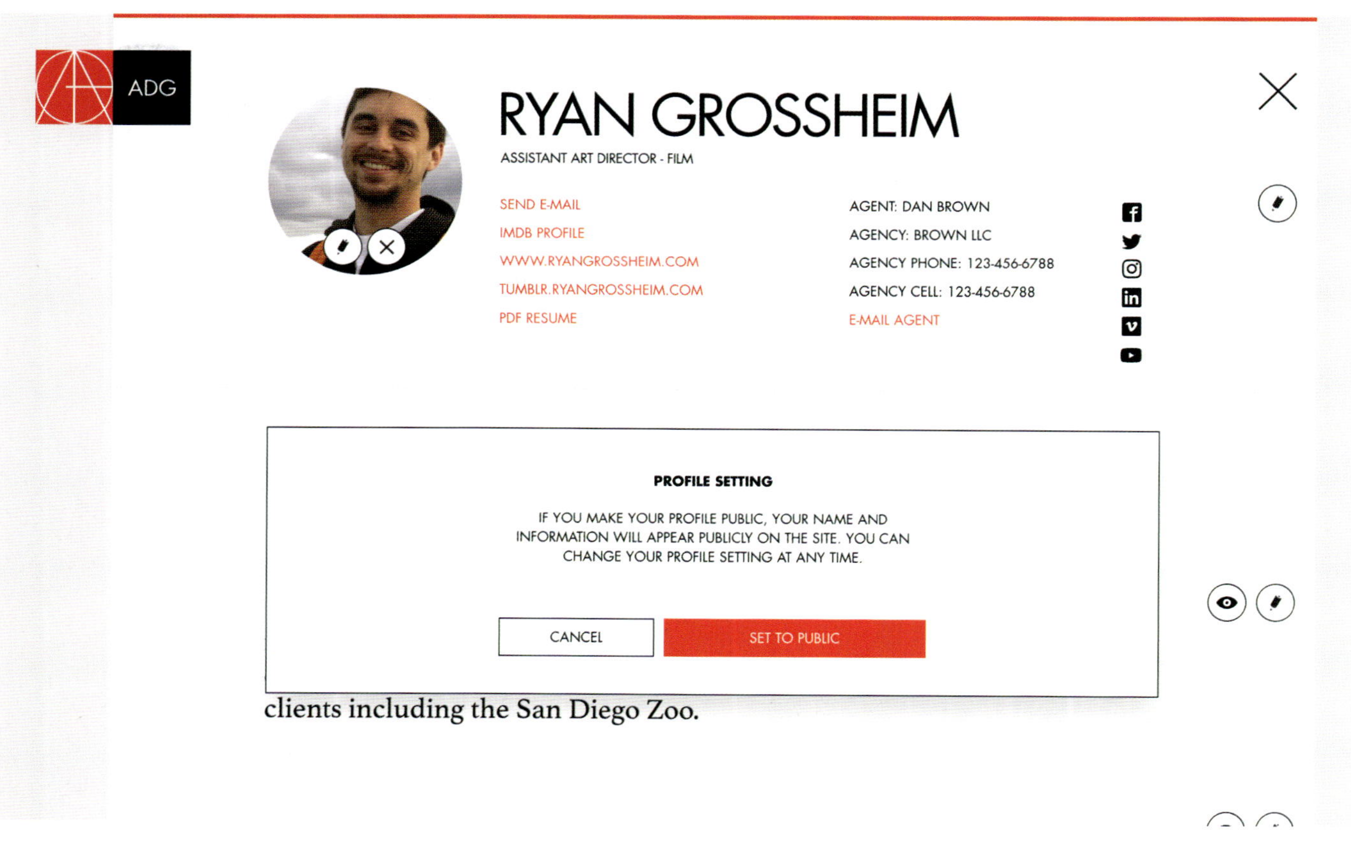

在设计和编写确认对话框时，最好以问题的形式回馈用户的操作（例如，“删除这篇文章？”），解释操作的结果（“您将无法恢复它。”），然后在确认按钮中再次重申操作（“是，删除文章。”或“否，取消。”）。

当我注意到没有确认信息时，我就决定写信给我的健身房，建议他们添加一条确认信息。我告诉他们，我是一名用户体验设计师，他们犯了一个非常基本的用户体验错误，这将导致许多客户产生不必要的困惑。

我还没有收到答复。

↓
确认弹出窗口示例，当用户的行为造成严重（左）或不可逆转（右）的后果时，弹出窗口会让用户知道。

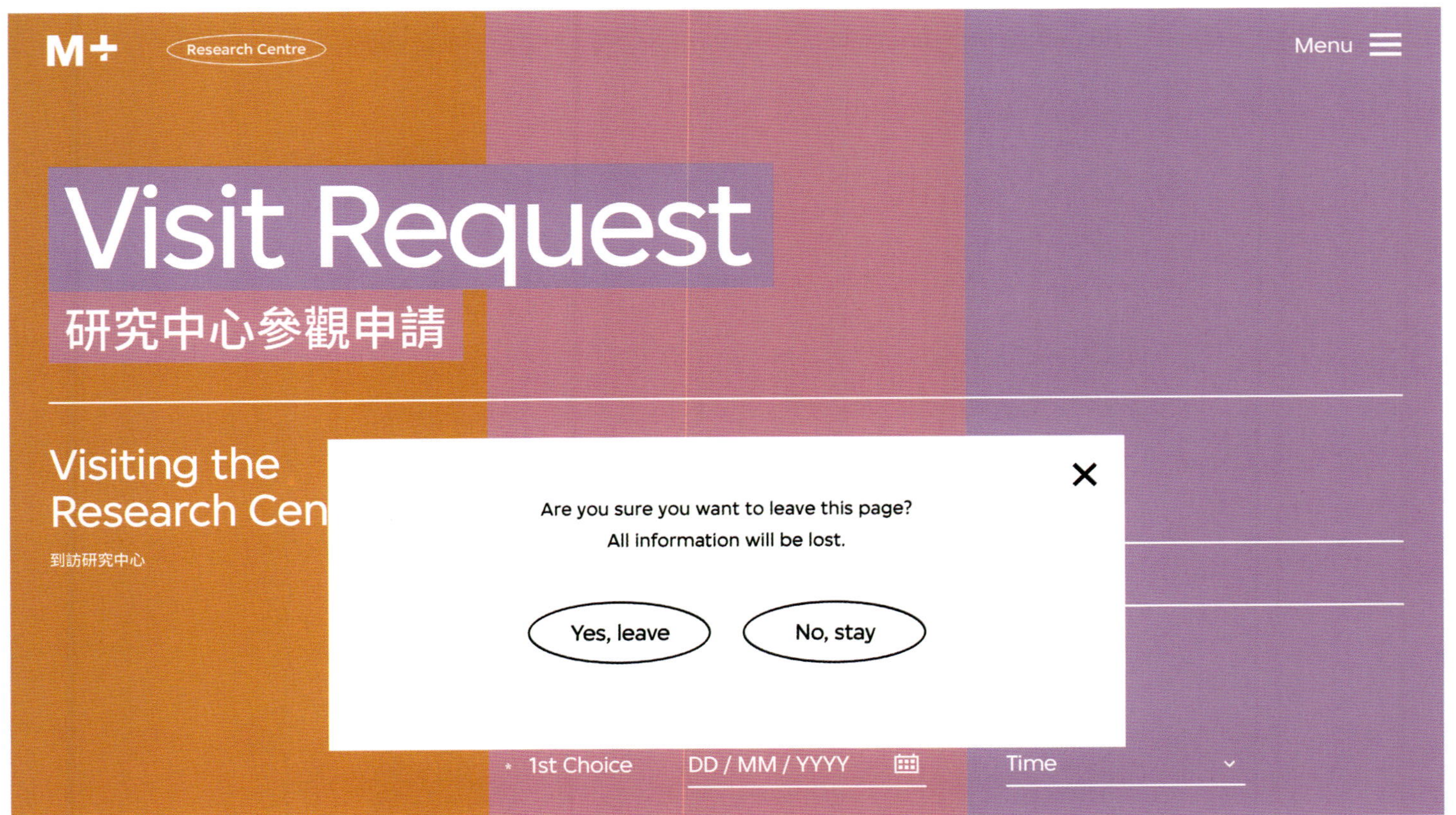

93

破损的页面不应该有破损的感觉。

如果用户输入错误的URL或试图访问需要登录的页面，他们最终会进入404页面。如果营销人员不小心在发送电子邮件时使用了一个不存在的链接，用户就会进入404页面。如果页面被删除或移动，但搜索引擎仍将其编入索引，或者用户将其保存为书签，那么用户就会进入404页面。404页面是人们在互联网上最常见的错误。

我最喜欢的互联网传说之一是，404页面错误是以蒂姆·伯纳斯·李的办公室命名的，当时他正在欧洲核子研究中心（CERN）从事万维网的开发工作。据传说，每当人们去他的办公室时，经常找不到他，所以当用户试图跟踪一个中断或死链接时，他们就把他的办公室号码指定为错误代码。

不幸的是，他当时的一位同事罗伯特·卡伊略在2017年接受《连线》采访时揭穿了这个神话。很显然，400范围是随机选择，欧洲核子研究中心甚至从来没有404房间。真无聊。但这并不意味着404页面必须如此。

我最喜欢404页面的一点是，人们普遍认为404页面是允许公司有幽默感的地方。即使是最严肃的公司也会在404页面上放松警惕。它们从屏幕的另一端向用户眨眼、点头，通过打破第四面墙来承认自己的弱点。这就是为什么404页面是我们最喜欢设计的页面之一，也是为什么有整整一个画廊专门用来展示优秀的404页面。

当用户遇到断开的链接时，自动重新定向到主页可能很诱人，但这可能会造成更大的混乱，尤其是当他们从书签或现有的电子邮件活动中找到该链接时。因此，即使我们不把它们变得有趣，至少也要让404页面变得有用。404页面可以作为一种导航辅助工具，帮助人们找到他们正在寻找的东西，或者如果该东西已经不存在了，它们可以帮助用户找到类似的东西，这总比让人们觉得他们走到了死胡同要好。

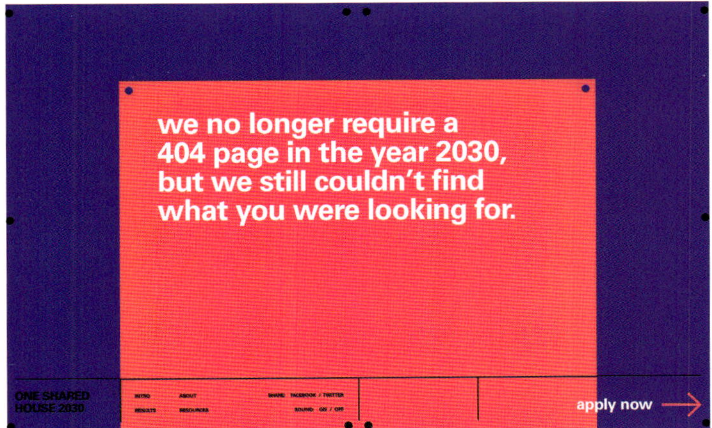

↑
我们多年来设计的各种404页面。在我们的工作室，404页面从来不是事后才想到的。在所有示例中，用户始终可以访问主导航和搜索功能，确保这不是一个死胡同。

94

填补想象力无法弥补的空白。

我们工作室并不经常制作交互式原型。我们画了很多草图，制作了很多线框，但我们通常不把这些东西做成可点击的。这可能是因为我们从未将其真正纳入我们的工作流程。当我们刚进入这个行业时，还没有任何软件能神奇地将静态设计转化为交互式原型，所以如果你想要一个原型，你就必须编写代码。交互式原型在当时似乎是一种奢侈。

因此，我们学会了在没有它们的情况下工作。最重要的是，我们学会了在没有草图或线框图的情况下向客户展示产品并与用户进行测试。有些人可能会说草图或线框图就是原型，但我不同意。线框是关于如何工作的，而交互式原型是关于如何感受的。你可以通过线框图甚至草图来测试和解释某些东西的工作原理，但要了解某些东西的感觉，你需要一个或多或少最终的用户界面，让人们可以在手机或电脑上与之互动。

我们很容易想象出按下按钮进入另一个页面时的感觉，或者图像轮播是如何过渡的，但要想象新的或不寻常的更复杂的交互就比较困难了。当感觉不完全清晰时，创建一个交互原型是非常有帮助的，因为只有这样才能填补我们想象力无法弥补的空白。

在与奥地利照明公司Zumtobel合作时，我们在完成了所有核心页面的体验设计后，开始了主页的设计工作。Zumtobel是一个非常高端的品牌，以非常注重设计而自豪。他们甚至会委托知名艺术家和设计师为其制作年度报告（包括詹姆斯·特雷尔、阿尼什·卡普尔、斯特凡·萨格迈斯特和佩尔·阿诺尔迪）。

既然我们知道大多数人都会绕过主页（见原则70），我们就有了一些发挥的空间。我们决定将一些年度报告封面变成全屏互动体验。为了解释我们的想象，也为了了解自己的感受，我们制作了很多不同的互动原型。界面的反应速度应该有多快？鼠标移过时会发生什么？我们希望人们下一步做什么？

我们还为其他页面制作过互动原型吗？没有。我们不需要这样做，因为我们用线框图来解释体验的其余页面是如何工作的。但如果我们没有为主页制作互动原型，就不可能让所有不寻常的互动感觉都恰到好处。如果不亲身体验，我们就无法想象。

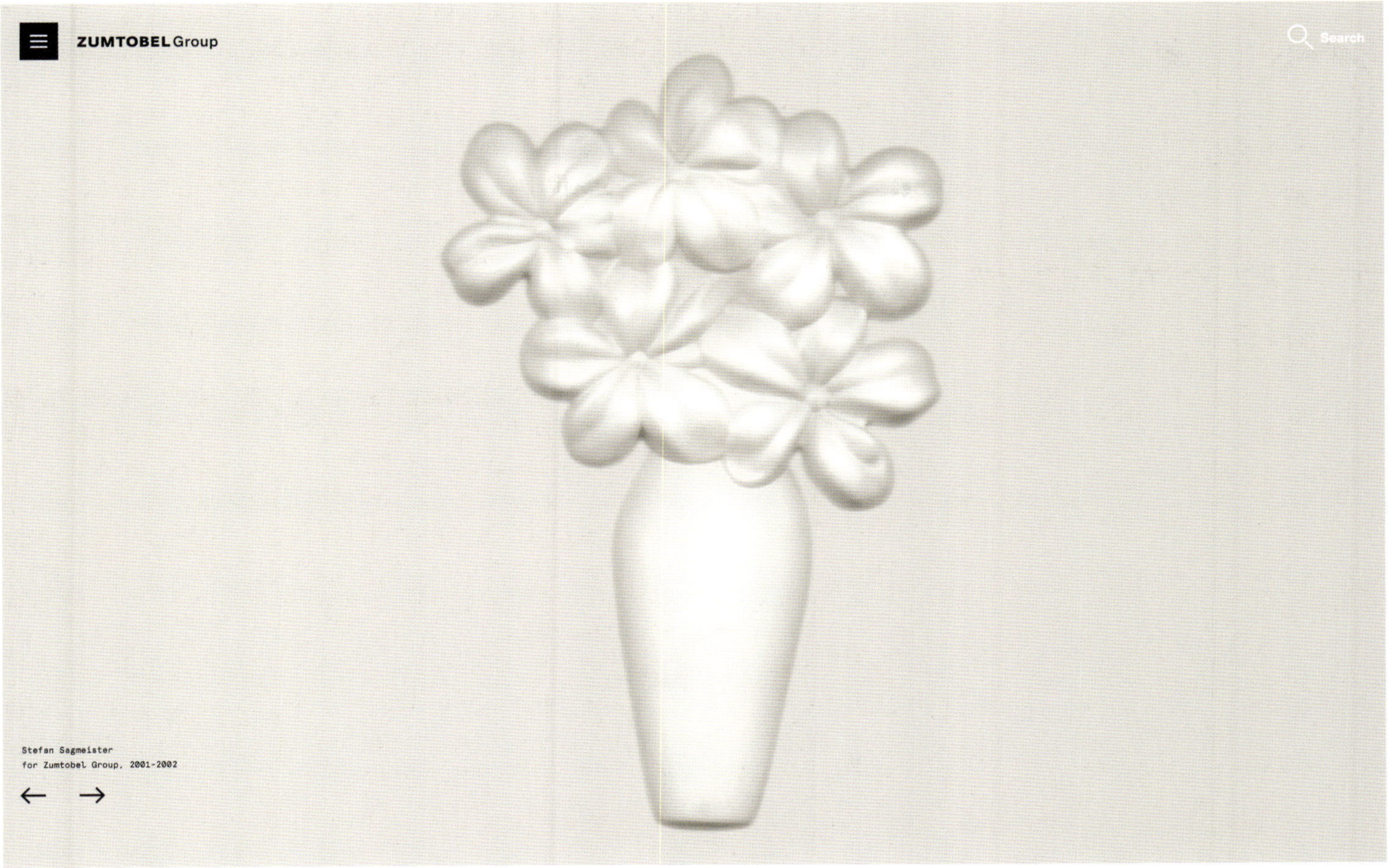

ZUMTOBEL Group

Search

Stefan Sagmeister
for Zumtobel Group, 2001-2002

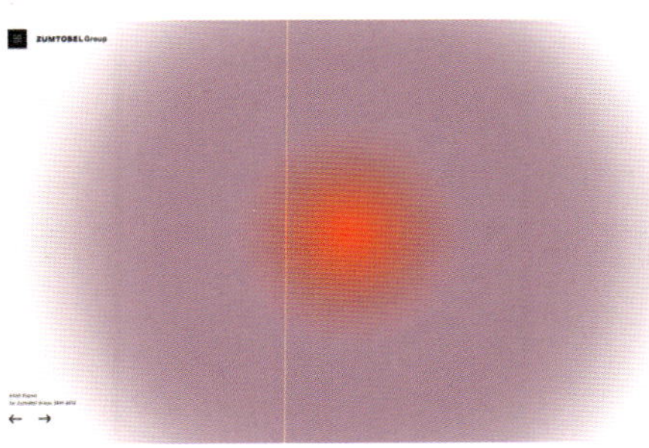

↑
我们为Zumtobel制作了各种原型，以了解如何使主页的不同封面具有互动性。这使我们能够确保互动和动画效果适当而不恼人。

95

基于度量的设计是愚蠢的。

“是的，确实如此，谷歌的一个团队无法在两种蓝色之间做出决定，因此他们在每种蓝色之间测试了41种色调，看看哪种表现更好。我最近就边框应该是3、4还是5像素宽展开了一场辩论，他们要求我证明我的观点。我无法在这样的环境下工作。我已经厌倦了争论这种微不足道的设计决定。这个世界上还有更多令人兴奋的设计问题等着我们去解决。”

就这样，谷歌在2009年失去了最杰出的设计师道格·鲍曼，鲍曼转投Twitter。也是在那一刻，谷歌加倍强调基于度量的设计，正式站在工程师一边，而不是设计师一边。对于更广泛的设计界来说，这意味着谷歌相信设计是客观的，与设计师的直觉或以往经验无关（见原则52）。这一年，谷歌的利润增加了2亿美元，看来他们是对的。

根据Statista的数据，谷歌2009年的广告收入总额为228.9亿美元，这意味着2亿美元的增长实际上不到1%。而且，新的蓝色链接未必就是收入增加的原因。可能是更多的人上网，从而点击了更多的链接；也可能是广告措辞得到了优化；还可能是广告更有针对性。谁知道呢？

事实上，自2000年开始运营广告以来，谷歌的广告收入每年都在稳步增长，并没有在2010年，也就是他们进行这项实验的第二年出现大幅飙升。因此，无论如何，他们都可能会因为1%的收入增长而失去他们的顶级设计师。

整个实验中更可笑的是，不同的显示器会呈现不同的颜色。你会认为工程师们应该知道这一点。我在显示器上看到的蓝色和你在显示器上看到的蓝色是不一样的。即使我们使用的是完全相同类型的显示器，我们也可能没有对它们进行相同的校准。即使校准了，我们使用的亮度设置也可能不同。我的蓝色链接不是你的蓝色链接，以后也不会是。

颜色本来就不客观。我们看到的颜色会因性别、种族、地理甚至语言的不同而不同。因此，测试哪种蓝色表现更好是愚蠢的，而且是徒劳的。这也是对设计行业的侮辱。我完全理解道格·鲍曼离开谷歌的原因。任何一个经验丰富、才华横溢的设计师都会死在一个把设计决策贬低为伪科学的地方（见原则53）。

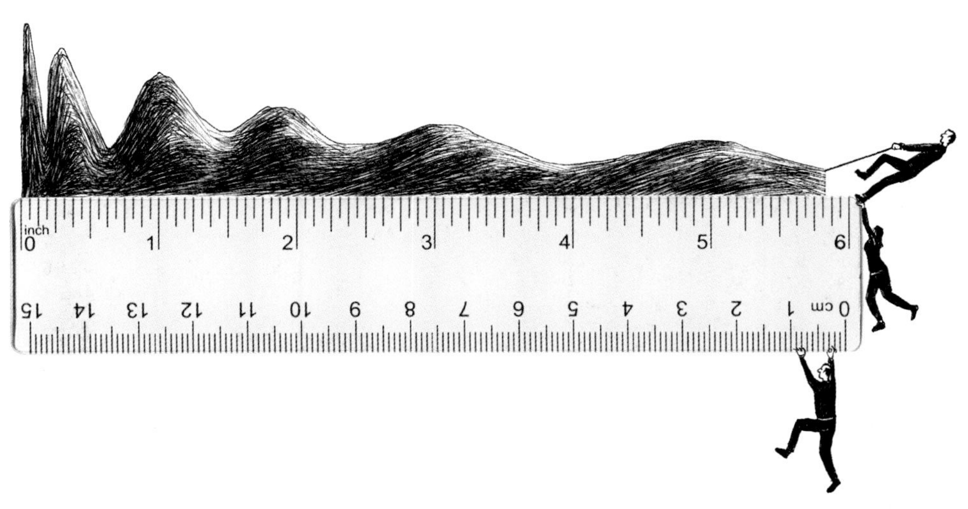
inch
0 1 2 3 4 5 6
0 cm 1 2 3 4 5 6 7 8 9 10 11 12 13 14 15

96

大多数问题都可以提前发现。

可用性测试旨在收集定性和定量数据，以便在产品发布前发现潜在的可用性问题。参与者被要求完成特定的任务，如找到正确的支持内容，而观察者则在一旁观看、倾听并做记录。目的是了解用户对设计的感受，并利用这些观察分析在产品发布前对设计进行调整。

有道理，对吧？告诉你一个秘密：在我17年的职业生涯中，只有一次我对可用性研究的结果感到惊讶。只有一次。考虑到我们已经完成了超过125个独立的项目，这个概率实在是太低了。在我的领域里，大声说出这句话几乎是亵渎神灵，每当我在会议或采访中说这句话时，都会受到很多人的抨击。但我还是要加倍努力。

我唯一一次对可用性研究感到惊讶，是在2012年我们为Nickelodeon开发第一个iPad应用程序的时候。当时有两个原因。首先，我们当时使用的是一种我们以前从未设计过的新媒体（iPad刚刚发布）；其次，我们当时使用的是一群我们以前从未接触过的一类用户（6～11岁的儿童），他们在与计算机和界面互动方面与成年人有着明显的发展差异。

我并不是说在20世纪90年代或21世纪初，广泛的可用性测试没有用处，当时主流设计刚刚在网络出现，设计师们正在设计他们的第一批界面。试想一下，如果我们还在对轮子、刀子或锤子进行可用性测试的话，那就太愚蠢了。

如果是为一种全新的媒介、设备或目标用户进行设计，那么就需要进行大量的可用性测试。但如果我们是在为普通的目标用户设计一种常用的设备，那么任何有价值的用户体验设计师都应该能够提前发现可用性问题。如果他们做不到，你就不应该与他们合作（见原则95）。

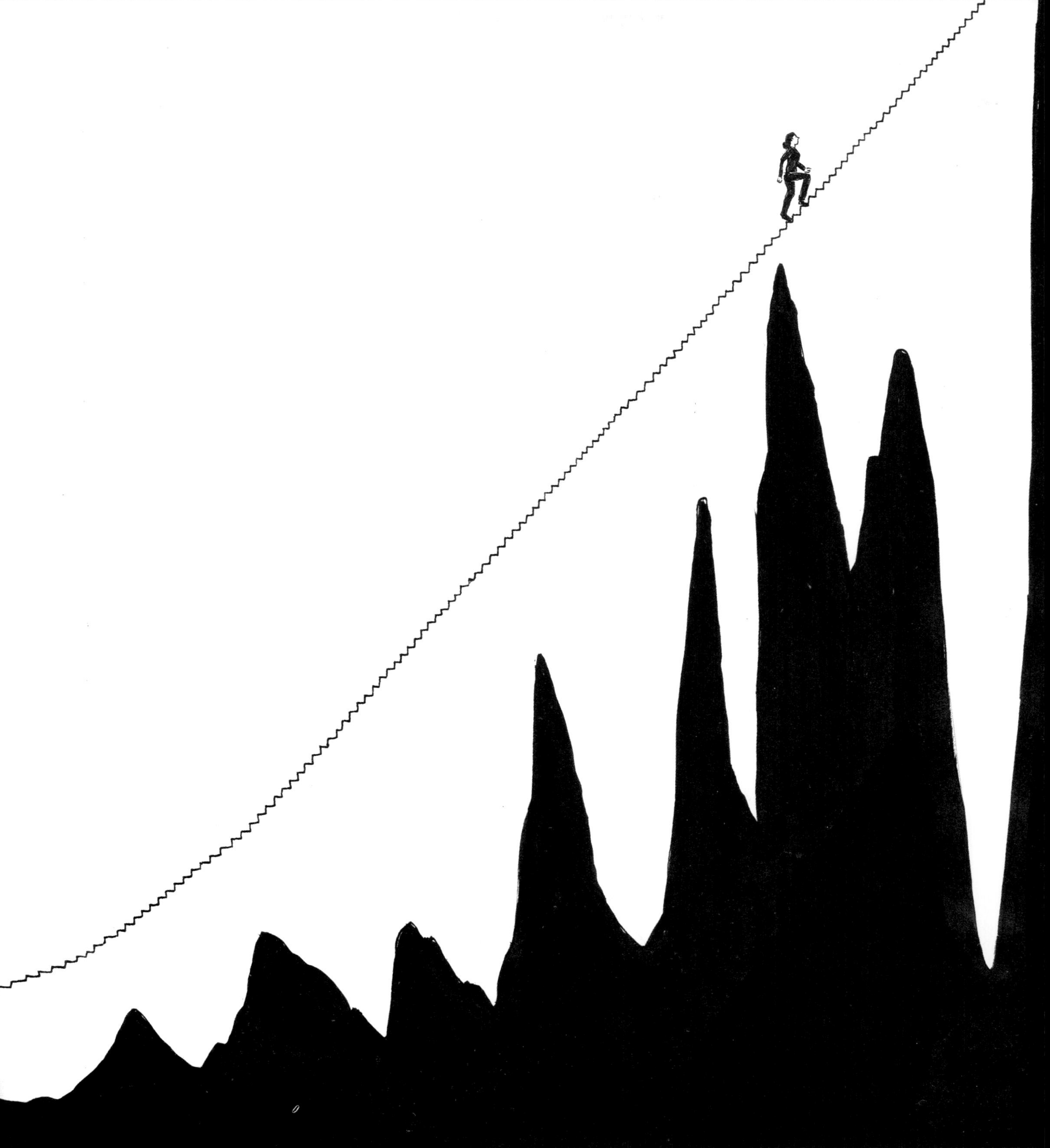

97

不要给自己的作业打分。

对于我的学生，我经常会设计一个小实验来证明一个观点。我让他们对自己的设计进行可用性测试，然后随机把他们的作品和另一个学生交换，让他们也对别人的设计进行可用性测试。结果总是一样的。学生们总是认为自己的设计比实际表现更好。为什么会这样呢？因为在评价自己的作品时，要做到完全客观是非常困难的。

这听起来似乎是一个年轻的防御型设计师的难题，当你成为一个更有经验的设计师时，你就会逐渐摆脱这个问题，但即使是最有经验的用户体验设计师也很难避免自己的确认性偏见。这就是为什么很多公司把设计人员和测试人员分开的原因。进行得不好的可用性测试有时比不进行可用性测试还要糟糕。

那么，究竟发生了什么，为什么我们如此不善于评估自己的工作，即使我们有最好的意图？因为我们会情不自禁地投入感情。想象一下，你已经为某件事情工作了数周甚至数月。你做了调查研究，经历了概念设计阶段，为每一个小细节都捏了一把汗，为了让设计获得批准，你一路上打了很多小仗。现在，测试你的完美小宝贝的时刻到了。

你招募了合适的人员，建立了合适的环境，制定了一个测试计划，这个计划应该能够揭示你为之痴迷了几个星期甚至几个月的事情的真相。你认为自己提出了正确的问题，消除了所有的偏见，并以开放的心态对待整个过程。你已经准备好听到你的宝宝很丑的消息了。

但我们不是。不管我们愿不愿意，我们都带着一个隐藏的目的走进了这个过程，那就是证明我们的设计是可行的。因此，我们并没有真正敞开心扉接受任何反馈或批评，而是下意识地创造了一种环境，让我们的假设得到证实而不是受到质疑。因为如果设计受到质疑，我们就不得不向客户或老板解释自己和我们的设计决定。谁愿意这样做呢？

根据我的经验，对自己的作品进行可用性测试是个坏主意。这就是为什么我们从不这样做。如果客户想对我们的设计进行可用性测试，我第一个承认我可能不是做这项工作的合适人选。就像律师不应该为自己辩护，医生不应该自我诊断一样，用户体验设计师真的不应该测试自己的设计。

98

让物有所值。

要了解哪些部分的体验应首先进行增强和更新，一个有用的方法就是查看分析，看看哪些页面目前的流量最高。这有点儿像重新设计或装饰你的公寓或房子。你是要把最多的精力、时间和金钱花在确保客厅（我们花最多时间的地方）的外观和感觉上，还是要从客房开始？

对于几乎所有的网站来说，只有少量的页面和功能会获得大部分的访问量和用户时间。虽然我们可能会预感到什么是最重要的，但查看页面上花费的实际时间还是很有帮助的，这样可以确保我们的决策不是基于假设。但是，分析本身并不能说明一切。我们仍须决定是否将工作重点放在用户流量的前5%、前10%，甚至前50%。

1941年，意大利经济学家维尔弗雷多·帕累托首次指出，意大利约80%的土地为20%的人口所拥有，此后约50年，管理顾问约瑟夫·朱兰提出了帕累托原则，解释了在质量保证方面，80%的问题通常是由20%的原因造成的。这个80/20原则在数学上用幂律分布（即帕累托分布）来描述，是一种普遍规律，几乎适用于任何事情。

例如，花园里80%的蔬菜来自20%的植物，80%的销售额来自20%的客户，80%的税款由20%的人缴纳，80%的软件错误来自20%的功能，而对我们用户体验设计师来说最重要的是，80%的用户只与网站或应用程序20%的功能和页面互动。

是否正好是20%？不一定。但将其视为20%是一个良好的开端。如果我们将注意力集中在最吸引用户流量的20%的页面上，并确保优先考虑的这些页面的改进与修改，那么我们就可以进行相对较小的改进，从而产生不成比例的强大效果。换句话说，专注于流量最高的20%将确保我们能对最多的用户产生最大的影响。

这并不意味着我们可以忽略其余80%的体验，只是意味着更新这些区域的紧迫性降低了。最终，我们可能还是要为客房卧室做些什么。重新粉刷墙壁，清除一些杂物。虽然我们一年可能只接待几次客人，但确保他们每次来访时都尽可能舒适也是件好事。

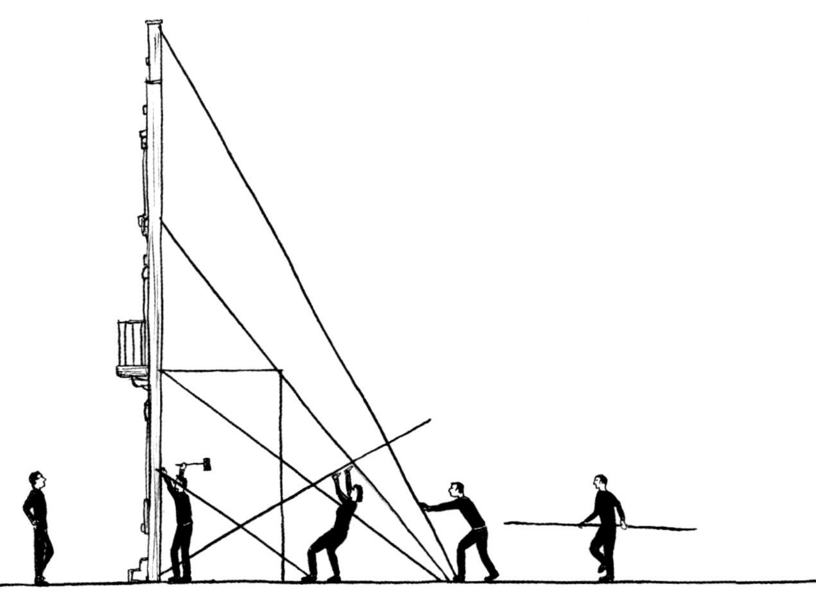

99

在发布后保持参与。

整本书都是以一个只为客户工作过的人的视角写成的。这是一种选择。在很多情况下，我本可以为SpaceX、Kickstarter、谷歌、苹果或其他各种公司工作，但日复一日、年复一年地做同一件事对我来说似乎毫无吸引力。成为一名产品设计师，真的没有什么好羡慕的，除了一件事：在一项功能或产品推出后，还能与之相伴。

在客户项目中，总是有这样一种想法，即完成所有工作并准备推出。大多数合同都是这样签订的。他们从就项目进行对话开始，到启动项目结束。这让我很不满意。主要是因为我看到，如果没有人关心设计，或者更糟糕的是，如果客户开始随意更改，而不考虑用户的感受，设计就会开始变质。

当我们成立自己的工作室时，我们曾多次讨论过这种“爱他们就离开他们”的客户工作心态，并决定做出改变。如今，我们从一开始与潜在的新客户交谈时，就会强调让我们参与其中的重要性，即使在设计成果进入市场后也是如此，不是每天都参与，而是每个月至少参与几个小时。我们告诉他们，我们希望与他们共同抚养孩子。

保持一定程度的参与，可以让我们发现哪些地方可能没有按照我们的预期运行，并提出更新或修改建议，使某些部分或功能变得更好。此外，我们还能了解公司内部可能影响设计成果的任何运营变化。事实证明，这一点非常重要，因为我们往往是房间里唯一了解并维护用户需求的人。由于用户的需求并不总是与公司的需求完全一致，因此没有我们，用户就没有发言权（见原则17）。

没有任何法律规定客户项目必须以发布为终点。如果参与产品开发的人员在产品上线几个月甚至几年后一直关注产品的运行情况，就能在潜在问题出现之前就发现它们。这样就能保持产品的平稳运行，确保用户始终是等式的一部分。

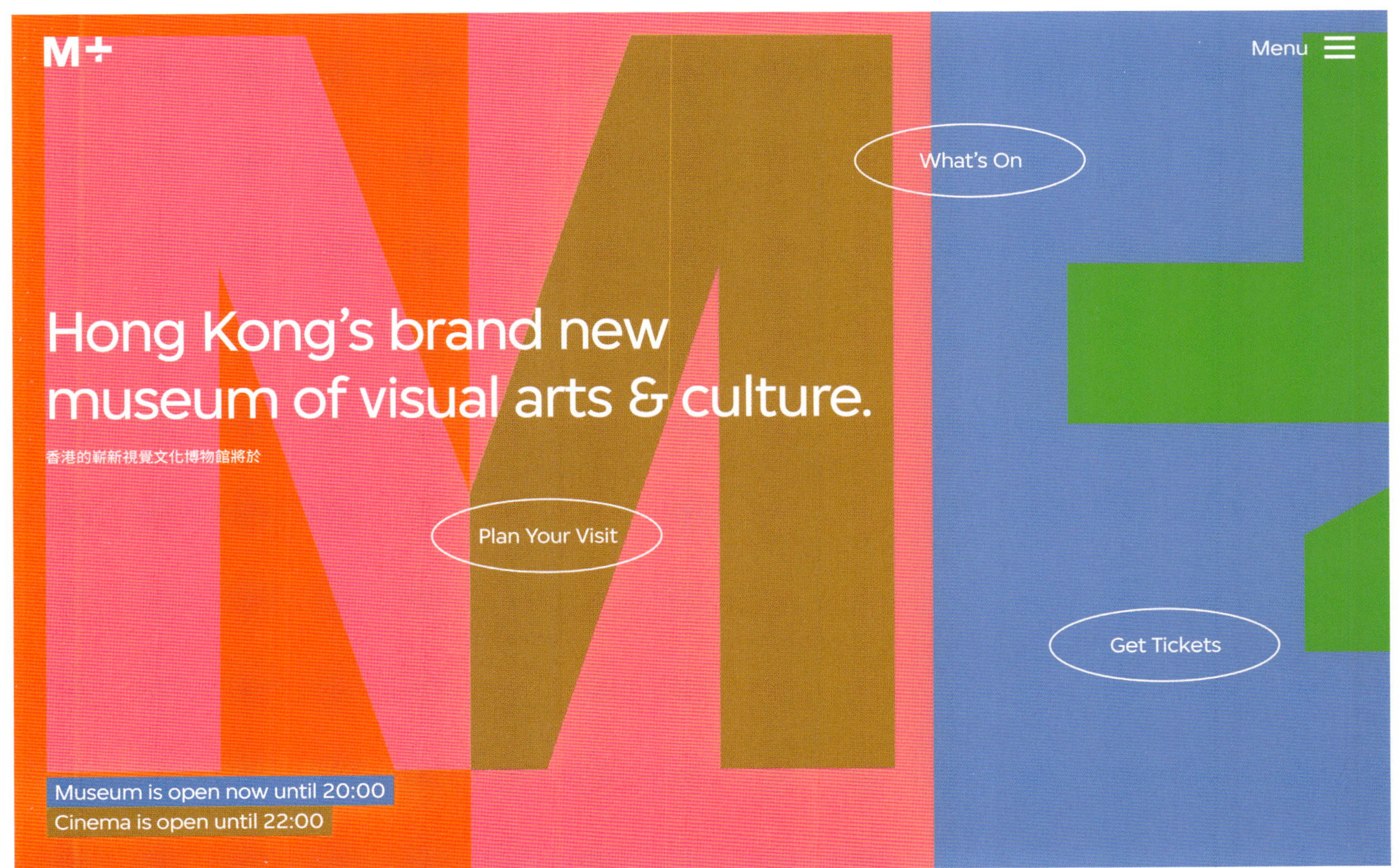

↑
尽管我们在2021年为中国香港的新M+博物馆推出了网站，但在撰写本报告时，我们仍积极参与其中，并每月与他们的团队举行会议。我们确保网站始终与用户目标保持一致，以适当的方式纳入新举措，并尽可能保持代码库的健康。

100

降低期望值，获得高满意度。

在一个项目的生命周期中，许多不同领域的不同人员会同时为项目的许多不同部分工作，这让人感觉有点儿像一个错综复杂的杂技表演，每个动作都很重要。如果一个人搞砸了，就会给其他人带来灾难性的后果。为了最大程度地减少错位的可能性，在关键时刻停下来反思是很重要的。

让我们从第一时刻开始。就像预防医学一样，提前设想一下项目可能会出现哪些问题是很有帮助的。会有哪些风险？我们能想象出项目完成过程中可能会遇到哪些障碍吗？我们能否针对极端延误对项目计划进行压力测试？我们有应对所有可能情况的B计划吗？我们能够多快恢复或纠正错误？

第二个“耶稣降临”时刻需要在出现不同步时立即出现。即使是最严格的项目管理，也绝对会偶尔出现团队不同步的情况。而一旦出现这种情况，所造成的混乱就会导致人们工作过度或工作效率低下，从而引发愤怒和不满。因此，最好的办法就是立即纠正错误，否则项目就会失控，拖累其他人。

第三是项目结束后，在每个项目结束时，与内部团队和客户团队举行一次事后总结会议是非常重要的，以讨论哪些地方进展顺利、哪些地方本可以做得更好，以及我们在了解今天的情况后会采取哪些不同的做法。是的，现在一切都已成过眼云烟，事后诸葛亮，但讨论之前出错的地方将有助于双方团队在未来避免类似的错误。

考虑到最坏的情况，团队就能为任何潜在风险制定计划，确保项目顺利进行时我们就不会想当然。因为在所有这些不断变化的环节中，项目按计划进行并按时启动与其说是常态，不如说是奇迹。因此，让我们降低期望值，不要在项目开始时就假定项目会顺利进行，而要防范项目很有可能无法顺利进行的情况。

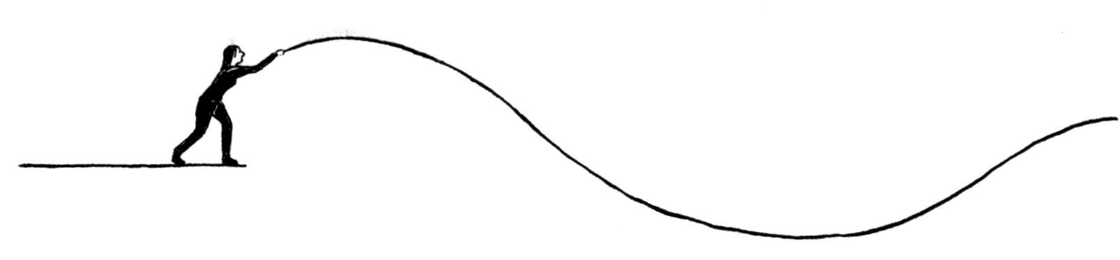

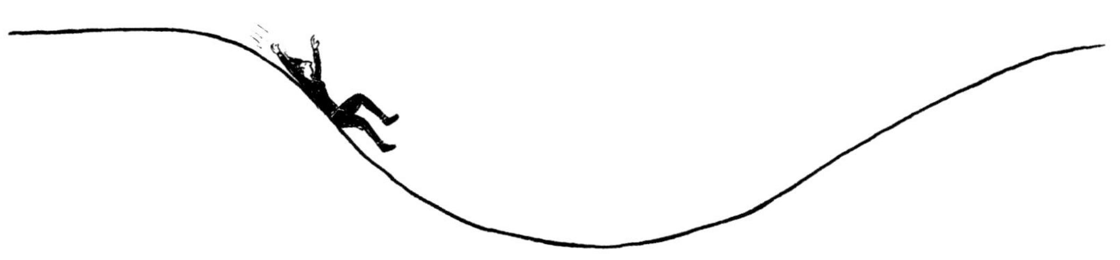

关于作者

艾琳·佩拉雷是布鲁克林交互设计工作室 “安东与艾琳”（antonandirene.com）的共同创始人。自2007年以来，她主导了众多客户和项目的战略设计和用户体验设计计划，其中包括大都会博物馆、香港M+博物馆、美国媒体《今日美国》、Kickstarter、巴黎世家(Balenciaga)、Wacom、艺电（EA）、Adobe、Spotify、谷歌（Google）、尼克儿童频道（Nickelodeon）、英国广播公司、红牛、艺术家香特尔·马丁（Shantell Martin）、奥地利照明公司 Zumtobel以及SPACE10/IKEA等。工作室每年还花三个月的时间开展自主设计项目，其中包括互动纪录片《一间合租屋》和 NU:RO 手表。

她的作品曾获得戛纳电影节、韦伯奖、艾美奖、红点设计奖、Adobe Max 奖、交互设计协会、新闻设计协会、金铅笔奖和欧洲设计奖的认可。她的个人项目曾在阿姆斯特丹、安特卫普、巴黎、纽约、哥本哈根、伦敦、辛辛那提、新加坡、巴塞罗那和特古西加尔巴展出。

艾琳曾在 100 多场国际设计会议上担任演讲嘉宾，并在纽约视觉艺术学校、斯德哥尔摩职业学院Hyper Island、巴塞罗那的Elisava设计学院、莫斯科Strelka学院和埃因霍温设计学院等多家教育机构讲学。她还是巴塞罗那和曼谷Harbour.Space交互设计项目的主席。

艾琳拥有纽约普拉特学院传播设计专业理学硕士学位。她来自阿姆斯特丹，现与伴侣阿根廷人口学家胡安·加莱亚诺（Juan Galeano）居住在巴塞罗那。

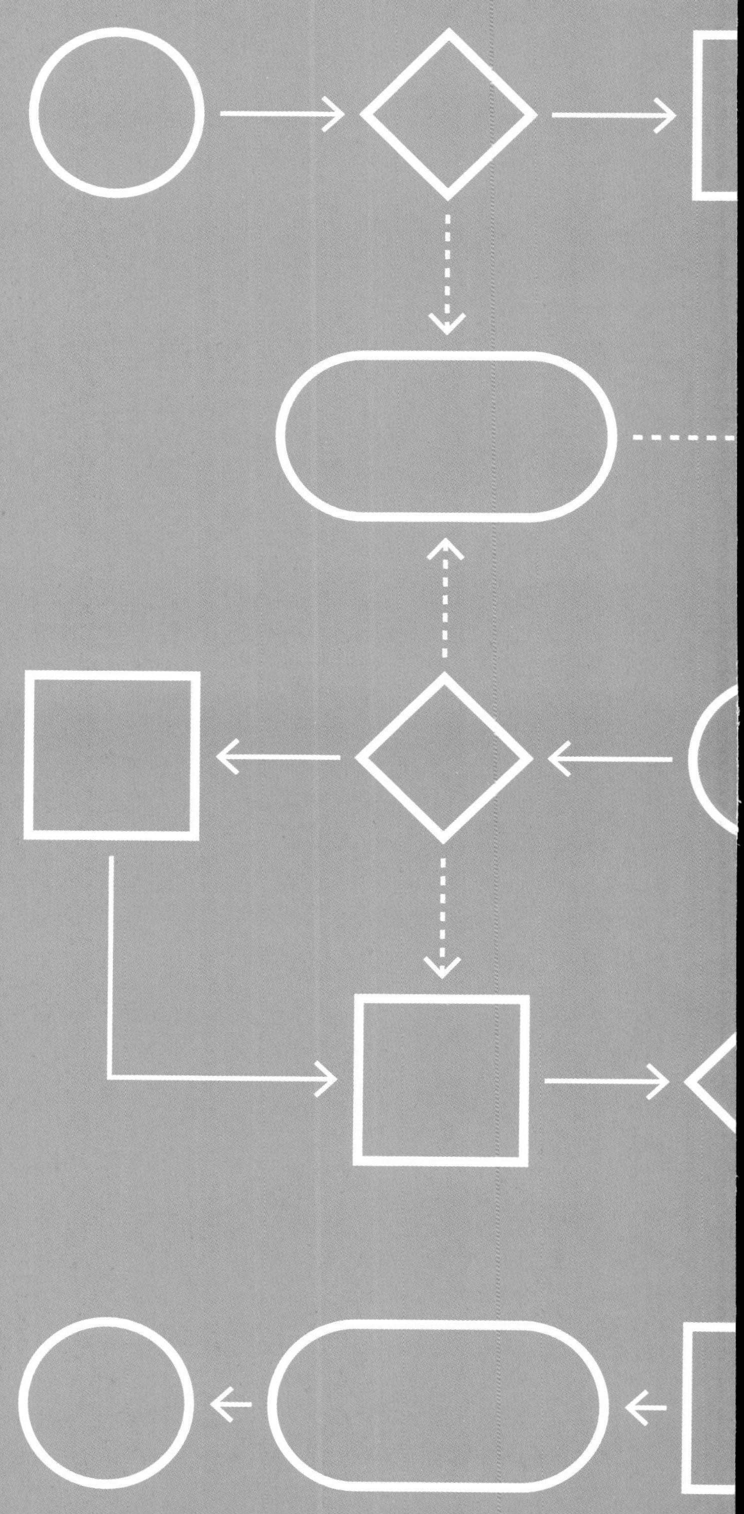

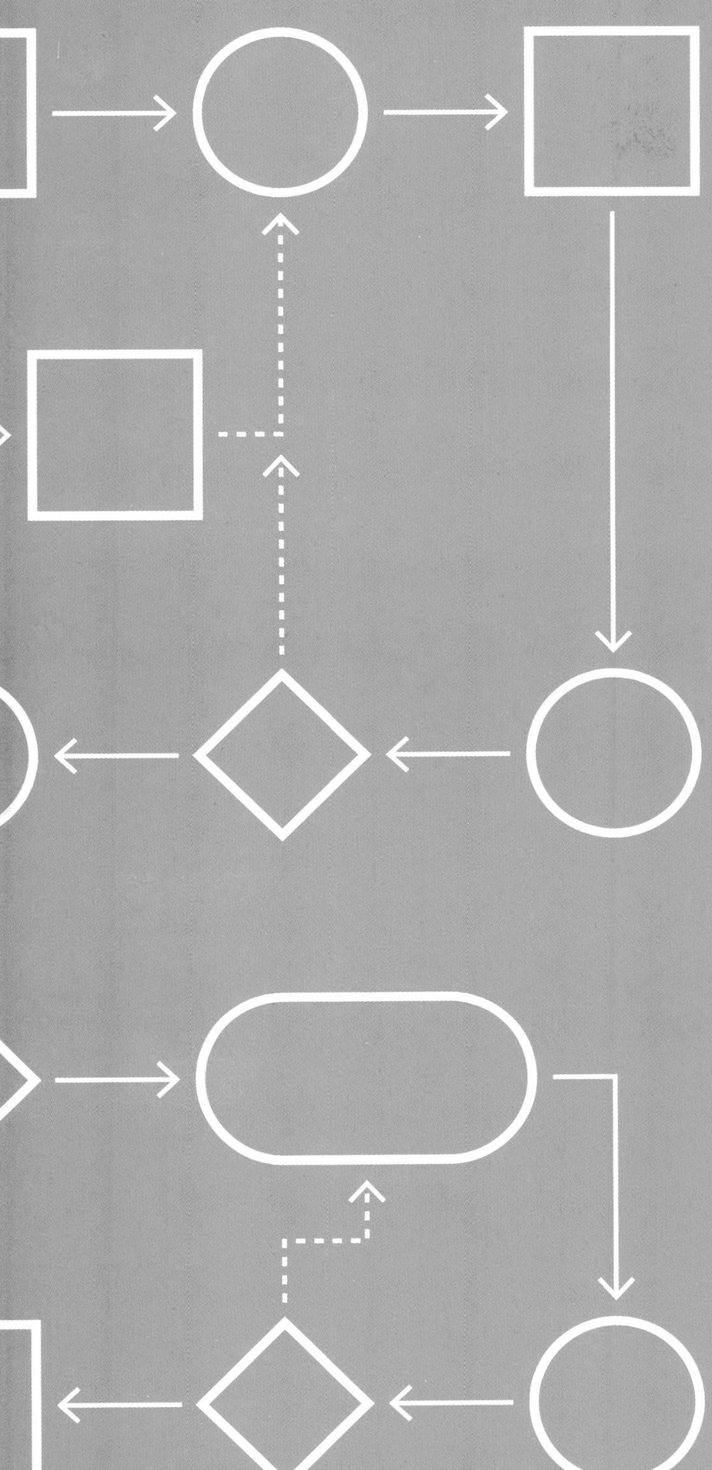

致谢

如果没有我的合伙人安东 · 雷波宁的坚定支持，本书是不会实现出版的。除了在本书的设计与排版方面不知疲倦地提供决策支持，在我撰写本书的这六个月里，他所为我提供的帮助已远远超出他的工作份额。为此，我将永远感激他。

另外，本书的编辑乔纳森 · 辛科斯基及插画师文森特 · 布洛夸里使本书更加易读、易理解。乔纳森使内容重点突出，通过细化的分类强调主题，他编辑掉我俗气的笑话和过度使用的比喻，让我以更个人化的视角自由地书写这些通用法则。文森特是本书另一位主要贡献者，他提出用小巧、有趣的插画使书中的内容视觉化，他的这些干净、漂亮的线条画提供了用文字不能实现的展示视角。

我还要感谢我的父母，马尔佳与鲁道夫，以及我的丈夫胡安。如果没有你们的信任，我不会有勇气写成这本书。

最后，我要把这本书献给我的学生们，是他们使我从这个复杂、广阔且不断进化的领域，逐渐厘清思路并加深理解力。如果他们的好奇心、热情与同理心可以暗示用户体验设计的未来，那么，我们的未来必定光明。

索引

This is the translation edition of Universal Principles of UX: 100 Timeless Strategies to Create Positive Interactions between People and Technology (Volume 4), by Irene Pereyra, published by Rockport Publishers, an imprint of Quarto Publishing Plc.

著作权合同登记号：第 06-2023-180 号。

图书在版编目（CIP）数据

设计心理学：用户体验设计的 100 条通用法则 /（荷）艾琳 · 佩拉雷著；孙哲译. -- 沈阳：辽宁科学技术出版社，2025.3. -- ISBN 978-7-5591-3465-3

Ⅰ. TB472-05

中国国家版本馆 CIP 数据核字 (2024) 第 049630 号

出版发行：辽宁科学技术出版社
（地址：沈阳市和平区十一纬路 25 号　邮编：110003）
印 刷 者：凸版艺彩（东莞）印刷有限公司
经 销 者：各地新华书店
幅面尺寸：216mm×254mm
印　　张：14
字　　数：180 千字
出版时间：2025 年 3 月第 1 版
印刷时间：2025 年 3 月第 1 次印刷
责任编辑：于　芳
封面设计：关木子
版式设计：关木子
责任校对：夏　冰

书　　号：ISBN 978-7-5591-3465-3
定　　价：168.00 元

联系电话：024-23285311
邮购热线：024-23284502
E-mail：1076152536@qq.com
http://www.lnkj.com.cn